0~3岁
聪明宝宝
营养餐

让宝宝爱吃饭、少生病、长得高

解放军总医院第八医学中心营养科主任医师

左小霞 —— 编著

全国百佳图书出版单位
中国中医药出版社
·北 京·

图书在版编目（CIP）数据

0~3岁聪明宝宝营养餐：让宝宝爱吃饭、少生病、长

得高 / 左小霞编著 . — 北京：中国中医药出版社，2024.1

ISBN 978 – 7 – 5132 – 8429 – 5

Ⅰ . ① 0… 　Ⅱ . ①左… 　Ⅲ . ①婴幼儿 – 保健 – 食谱

Ⅳ . ① TS972.162

中国国家版本馆 CIP 数据核字 (2023) 第 186456 号

中国中医药出版社出版

北京经济技术开发区科创十三街 31 号院二区 8 号楼

邮政编码　100176

传真　010-64405721

北京盛通印刷股份有限公司印刷

各地新华书店经销

开本 889×1194　1/24　印张 12　字数 338 千字

2024 年 1 月第 1 版　2024 年 1 月第 1 次印刷

书号　ISBN 978 – 7 – 5132 – 8429 – 5

定价　59.80 元

网址　www.cptcm.com

服 务 热 线　010-64405510

购 书 热 线　010-89535836

维 权 打 假　010-64405753

微信服务号　zgzyycbs

微商城网址　https://kdt.im/LIdUGr

官 方 微 博　http://e.weibo.com/cptcm

天猫旗舰店网址　https://zgzyycbs.tmall.com

如有印装质量问题请与本社出版部联系（010-64405510）

　　某年某月的某一天，你的宝宝呱呱落地了，在欣喜之余，你是否也有了一些担忧呢？对，最常见的就是对宝宝以后饮食的担忧。不同于大人，小宝宝的身体还如幼苗一样稚嫩，他们的饮食需要精心选择和制作。新晋升的爸爸妈妈们，你们准备好了吗？

　　0~3岁是宝宝身体发育、智商与情商成长的关键时期，给宝宝提供科学、健康、营养充足的饮食，对宝宝大脑、智力的发育，以及协调性、独立性的养成都有着至关重要的作用。在宝宝0~3岁这一特殊的成长阶段，营养健康是非常重要的一课。

　　本书的第一章介绍了0~3岁期间，7个不同阶段宝宝同步喂养的知识要点。第二章列举了宝宝在0~3岁最需要的营养素，除了几大基本营养素以外，还包括DHA、卵磷脂等有益于大脑发育的物质。第三章则集中给妈妈们推荐了在宝宝成长过程中，最有利于宝宝发育的20多种常见的食物及营养可口的食谱，供大家参考。第四章准备了一些锦上添花的功能食谱，如健脑益智、健骨增高等的食谱，让宝宝更加聪明有活力。第五章介绍了适合不同季节的宝宝营养餐。第六章介绍了预防宝宝常见疾病的调养食谱，有一定的食疗效果。

　　当然，除了以上内容，本书还加入了相关的专题页，让新手爸妈在饮食上、生活上和行为上，更加了解宝宝，比如如何通过饮食来改善宝宝的某些行为小瑕疵，如何增强宝宝的体质，等等。

　　本书参考《中国居民膳食指南（2022）》中的"婴幼儿喂养指南"，对相关知识进行了梳理，以期为新手爸妈们解答宝宝喂养中的诸多疑问，养育出健康又聪明的宝宝。

目录 CONTENTS

绪论

摄取均衡营养，聪明宝宝健康第一步　1　　1~3 岁宝宝的饮食原则　　　　　　4
选择最合适的喂养方式　　　　　　　2

0~3 岁宝宝同步喂养按月查

0~28 天——母乳是宝宝最好的食物　6　　2~3 个月——快速生长期，营养要跟上　14

0 ~ 28 天宝宝身体发育标准　　　　6　　2 ~ 3 个月宝宝身体发育标准　　　14

哺喂小讲堂　　　　　　　　　　　6　　哺喂小讲堂　　　　　　　　　　　14

喂养达人分享　　　　　　　　　　8　　喂养达人分享　　　　　　　　　　15

补气补血催乳妈妈餐　　　　　　　　9　　补气补血催乳妈妈餐　　　　　　　16

奶汤鲫鱼 / 花生炖猪蹄　　　　　　9　　桑寄生煲鸡蛋 / 月母鸡　　　　　16

清炖乌鸡 / 油菜炒豆腐　　　　　　10　　猪骨炖莲藕 / 白萝卜蛏子汤　　　17

清炒苋菜 / 莲藕鸭肉煲　　　　　　11　　胡萝卜雪梨炖瘦肉 / 桂圆莲子八宝汤　18

红枣菊花养颜汤 / 小米发糕　　　　12　　豆腐丝拌胡萝卜 / 玉米炒空心菜　19

南瓜红米粥 / 生滚鱼片粥　　　　　13　　桂花栗子粥 / 桂圆红枣粥　　　　20

注：世界卫生组织提倡 0~6 个月的宝宝尽量纯母乳喂养，6 个月以上的宝宝开始逐渐添加辅食。实际上，在我国，很多地方都是 4 个月以后就开始给宝宝添加辅食。鉴于此，本书也给出了适合 4~6 个月的宝宝辅食添加选择。请根据宝宝的具体情况，灵活掌握添加辅食的时机、种类等，酌情添加。

4~6 个月——味蕾萌发，辅食尝试期 21
4 ～ 6 个月宝宝身体发育标准 21
4 ～ 6 个月宝宝可放心吃的食物 21
哺喂小讲堂 22
喂养达人分享 23
吃饭香长得壮宝宝餐 24
大米汤 / 小油菜汁 24
圆白菜米糊 / 蛋黄泥 25

7~9 个月——尝试更多食物 26
7 ～ 9 个月宝宝身体发育标准 26
7 ～ 9 个月宝宝可放心吃的食物 26
哺喂小讲堂 27
喂养达人分享 28
吃饭香长得壮宝宝餐 29
豆腐羹 29
菜花米糊 / 玉米豌豆粥 30

10~12 个月——向成人饮食靠近 31
10 ～ 12 个月宝宝身体发育标准 31
10 ～ 12 个月宝宝可放心吃的食物 31
哺喂小讲堂 32
喂养达人分享 33

吃饭香长得壮宝宝餐 34
鲜虾蛋羹 34
番茄鱼糊 / 鸡蓉汤 35

1~2 岁—— 培养良好饮食习惯 36
1 ～ 2 岁宝宝身体发育标准 36
1 ～ 2 岁宝宝放心吃的食物 36
哺喂小讲堂 37
喂养达人分享 38
吃饭香长得壮宝宝餐 39
牛肉蔬菜粥 39
温拌双泥 / 虾皮黄瓜汤 40

2~3 岁—— 可以自己进餐了 41
2 ～ 3 岁宝宝身体发育标准 41
2 ～ 3 岁宝宝放心吃的食物 41
哺喂小讲堂 42
喂养达人分享 43
吃饭香长得壮宝宝餐 44
清蒸基围虾 44
双色饭团 45
百合干贝蘑菇汤 46

不同食材的计量法 47

第二章 0~3 岁宝宝最需要的营养素

蛋白质 宝宝生长发育的基本原料 　50

吃饭香长得壮宝宝餐 　51

鸡蛋玉米羹 / 牛奶枸杞银耳 　51

牛肉酿豆腐 　52

五彩瘦肉丁 　53

维生素 B₂ 缓解和消除宝宝口腔炎症 　54

吃饭香长得壮宝宝餐 　55

鸡肝小米粥 / 香果燕麦牛奶饮 　55

豆腐皮鹌鹑蛋 　56

蛋黄玉米泥 　57

叶酸 完善宝宝血液系统功能 　58

吃饭香长得壮宝宝餐 　59

菠菜银耳汤 / 牛奶西蓝花 　59

西蓝花炒虾仁 　60

肉末圆白菜 　61

维生素 C 提高宝宝免疫力 　62

吃饭香长得壮宝宝餐 　63

猕猴桃橙汁 / 樱桃草莓汁 　63

家常炒菜花 　64

西梅生菜三明治 　65

维生素 A 增强宝宝抵抗力 　66

吃饭香长得壮宝宝餐 　67

清蒸肝泥 / 鸡肝芥菜汤 　67

豆腐蛋黄汤 / 蛋皮鱼卷 　68

熘猪肝 　69

钙 宝宝骨骼、牙齿发育的基石 　70

吃饭香长得壮宝宝餐 　71

清蒸鲫鱼 / 木瓜鲜奶 　71

黑芝麻大米粥 / 蒜蓉蒸虾 　72

香菇豆腐鸡蛋羹 　73

铁 参与造血、促进生长发育 　74

吃饭香长得壮宝宝餐 　75

白菜肉片汤 / 蛋黄酱 　75

黄花瘦肉粥 / 牛肝拌番茄 　76

牛肉盖浇饭 　77

锌 宝宝的"智慧元素" 　78

吃饭香长得壮宝宝餐 　79

牡蛎南瓜羹 / 花生大米粥 　79

鸡肝土豆糊 / 粉丝扇贝南瓜汤 　80

黄瓜腰果炒牛肉 　81

DHA 提高宝宝智力的"脑黄金" 　82

吃饭香长得壮宝宝餐 　83

海参蛋汤 / 清蒸带鱼 　83

香煎三文鱼 　84

小黄花鱼豆腐汤 　85

卵磷脂 让宝宝更聪明 　86

吃饭香长得壮宝宝餐 　87

紫菜鸡蛋粥 / 香椿豆腐 　87

三彩豆腐羹 　88

芝麻肝 　89

丝瓜炒鸡蛋 　90

中国宝宝不易缺乏的营养素 　91

第三章 0~3 岁宝宝成长优质食材

猪肝 促进宝宝生长发育	94	菠菜 补铁的优质蔬菜	114
吃饭香长得壮宝宝餐	95	吃饭香长得壮宝宝餐	115
鲜茄肝扒 / 猪肝白菜汤	95	乌龙面蒸鸡蛋 / 豆腐菠菜软饭	115
猪肝菠菜汤	96	鸭丝菠菜面	116
猪肝胡萝卜粥	97	核桃仁拌菠菜	117
牛肉 强壮宝宝身体的优良食材	98	**南瓜** 断奶期的优质辅食	118
吃饭香长得壮宝宝餐	99	吃饭香长得壮宝宝餐	119
西湖牛肉羹 / 滑蛋牛肉粥	99	荞麦南瓜粥 / 红枣银耳南瓜羹	119
彩椒炒牛肉	100	红枣南瓜发糕	120
咖喱土豆牛肉	101	红豆南瓜银耳羹	121
猪肉 消化功能不好宝宝的肉类选择	102	**胡萝卜** 营养全面的"小人参"	122
吃饭香长得壮宝宝餐	103	吃饭香长得壮宝宝餐	123
菠菜瘦肉粥 / 莲藕猪肉粥	103	南瓜胡萝卜粥	123
猪肉丸子	104	胡萝卜牛肉馅饼	124
猪肉白菜炖粉条	105	胡萝卜香菇炒芦笋	125
鸡蛋 价格低廉的婴幼儿营养库	106	**西蓝花** 叶酸含量可观的优质蔬菜	126
吃饭香长得壮宝宝餐	107	吃饭香长得壮宝宝餐	127
蛋黄汤	107	蔬菜牛奶羹	127
香菇胡萝卜炒鸡蛋	108	三文鱼西蓝花炒饭	128
蛤蜊蒸蛋	109	西蓝花山药炒虾仁	129
洋葱 防感冒、促生长	110	**番茄** 宝宝的酸甜开胃果	130
吃饭香长得壮宝宝餐	111	吃饭香长得壮宝宝餐	131
茄葱胡萝卜汤 / 洋葱炒肉丝	111	番茄鳜鱼泥 / 腊肠番茄	131
洋葱炒鸡蛋	112	圆白菜炒番茄	132
罗宋汤	113	番茄肉末意面	133

黄豆　健脑、保护宝宝心血管　134

吃饭香长得壮宝宝餐　135

南瓜黄豆粥　135

茄汁黄豆　136

韭菜豆渣饼　137

黑木耳　宝宝胃肠的"清道夫"　138

吃饭香长得壮宝宝餐　139

木耳蒸鸭蛋 / 姜枣木耳花生汤　139

胡萝卜烩木耳　140

木耳鸭血汤　141

香菇　提高宝宝免疫力　142

吃饭香长得壮宝宝餐　143

香菇豆腐汤 / 香菇玉米浓汤　143

香菇黄花鱼汤　144

香菇油菜　145

海带　补碘高手　146

吃饭香长得壮宝宝餐　147

海带豆腐 / 海带木瓜百合汤　147

海带拌海蜇　148

海带结炖腔骨　149

豆腐　营养丰富的"植物肉"　150

吃饭香长得壮宝宝餐　151

木瓜牛奶豆腐汁 / 豆腐牡蛎汤　151

荠菜豆腐羹　152

豆腐烧牛肉末　153

苹果　维持宝宝精力的弱碱性水果　154

吃饭香长得壮宝宝餐　155

苹果沙拉　155

牛油果苹果汁　156

蔬果养胃汤　157

香蕉　宝宝的"开心果"　158

吃饭香长得壮宝宝餐　159

香蕉玉米汁　159

香蕉燕麦卷饼　160

香蕉紫薯卷　161

红枣　宝宝的补血良品　162

吃饭香长得壮宝宝餐　163

红枣黑米豆浆　163

红枣花卷　164

桂圆红枣豆浆　165

燕麦　提供多种必需氨基酸　166

吃饭香长得壮宝宝餐　167

核桃燕麦粥 / 苹果燕麦糊　167

燕麦猪肝粥　168

燕麦黑芝麻豆浆　169

玉米　保护视力和脑功能的佳品　170

吃饭香长得壮宝宝餐　171

香滑玉米汁 / 鸡蓉玉米羹　171

松仁玉米　172

玉米色拉　173

核桃　宝宝的"智力果"　174

吃饭香长得壮宝宝餐　175

核桃奶酪 / 草莓牛奶核桃露　175

核桃花生牛奶　176

琥珀核桃　177

黑芝麻　天然益智品　178

吃饭香长得壮宝宝餐　179

芝麻地瓜饮 / 黑芝麻核桃粥　179

金枪鱼芝麻饭团　　　　　　　180
黑芝麻糊　　　　　　　　　　181
牛奶　宝宝最好的钙来源　　　182
吃饭香长得壮宝宝餐　　　　　183
牛奶南瓜羹　　　　　　　　　183

红豆双皮奶　　　　　　　　　184
奶香山药松饼　　　　　　　　185
芝士芒果奶盖　　　　　　　　186
饮食可改善宝宝的行为瑕疵　　187

第四章　0~3 岁宝宝健康功能食谱

健脑益智　　　　　　　　　190
吃饭香长得壮宝宝餐　　　　　191
黄鱼馅饼 / 蛋黄南瓜小米粥　　191
双菇烩蛋黄 / 蓝莓酱核桃块　　192
糖醋带鱼　　　　　　　　　　193

健骨增高　　　　　　　　　194
吃饭香长得壮宝宝餐　　　　　195
虾仁鱼片炖豆腐 / 胡萝卜泥　　195
火龙果牛奶 / 水果杏仁豆腐羹　196
黄瓜腰果炒牛肉　　　　　　　197

健脾和胃　　　　　　　　　198
吃饭香长得壮宝宝餐　　　　　199
红枣炖兔肉 / 鲫鱼红豆汤　　　199
凉拌四丝　　　　　　　　　　200
荷兰豆拌鸡丝　　　　　　　　201

增强免疫力　　　　　　　　202
吃饭香长得壮宝宝餐　　　　　203
香菇蒸蛋 / 西蓝花香蛋豆腐　　203
怀山百合鲈鱼汤 / 黑芝麻杏仁蜜　204
番茄鲈鱼　　　　　　　　　　205

排毒利便　　　　　　　　　206
吃饭香长得壮宝宝餐　　　　　207
绿豆银耳羹 / 白菜冬瓜汤　　　207
木耳青菜鸡蛋汤 / 香蕉泥拌红薯　208
水果杏仁豆腐　　　　　　　　209

明目护眼　　　　　　　　　210
吃饭香长得壮宝宝餐　　　　　211
番茄蛋黄粥 / 糖醋肝条　　　　211
南瓜鲈鱼羹　　　　　　　　　212
双色鸡肉丸　　　　　　　　　213

乌发护发   214

吃饭香长得壮宝宝餐   215

核桃莴笋   215

三文鱼肉松   216

三彩虾球   217

清热祛火   218

吃饭香长得壮宝宝餐   219

银耳莲子绿豆羹 / 苦瓜蛋花汤   219

芹菜拌腐竹   220

苦瓜煎蛋   221

桃仁荸荠玉米   222

如何增强宝宝体质   223

第五章 0~3 岁宝宝四季营养餐

春季   226

吃饭香长得壮宝宝餐   227

红豆花生大枣粥 / 蜂蜜金橘饮   227

韭菜烩鸭血 / 蛋黄菠菜泥   228

什锦烩面   229

夏季   230

吃饭香长得壮宝宝餐   231

绿豆汤 / 西瓜莲藕汁   231

冬瓜球肉丸 / 樱桃黄瓜汁   232

蓝莓山药   233

秋季   234

吃饭香长得壮宝宝餐   235

莲藕胡萝卜汤 / 银耳紫薯粥   235

雪梨百合莲子汤 / 梨藕百合饮   236

菠萝什锦饭   237

冬季   238

吃饭香长得壮宝宝餐   239

胡萝卜炖羊肉 / 参枣莲子粥   239

香菇炖乌鸡 / 三黑粥   240

红烧羊排   241

萝卜蒸糕   242

宝宝四季护理要点   243

第六章 0~3岁宝宝常见病调养食谱

感冒	246	
吃饭香长得壮宝宝餐	247	
白菜绿豆饮 / 猕猴桃黄瓜汁	247	
南瓜粥 / 胡萝卜汁	248	
贫血	249	
吃饭香长得壮宝宝餐	250	
木耳炒肉末	250	
鸭血豆腐汤 / 蛋皮如意肝卷	251	
扁桃体炎	252	
吃饭香长得壮宝宝餐	253	
百合银耳粥 / 金银花粥	253	
鹅口疮	254	
吃饭香长得壮宝宝餐	255	
荸荠汤 / 猕猴桃枸杞粥	255	
便秘	256	
吃饭香长得壮宝宝餐	257	

蜜奶芝麻羹 / 魔芋香果	257	
苹果桂花粥 / 芋头红薯粥	258	
腹泻	259	
吃饭香长得壮宝宝餐	260	
炒米煮粥 / 红糖苹果泥	260	
银耳榴露 / 圆白菜葡萄汁	261	
湿疹	262	
吃饭香长得壮宝宝餐	263	
绿豆海带汤 / 花生红豆汤	263	
流行性腮腺炎	264	
吃饭香长得壮宝宝餐	265	
金银花甘蔗茶 / 鲜白萝卜汤	265	
水痘	266	
吃饭香长得壮宝宝餐	267	
薄荷豆饮 / 薏米橘羹	267	
应对宝宝常见病的护理经	268	

附录

宝宝体质营养法则	270	
中国0~3岁男女宝宝身高（长）、体重百分位曲线图	272	
小小穴位按一按，助长个儿、保健康	274	
做做这些小运动，助力宝宝长个儿	276	

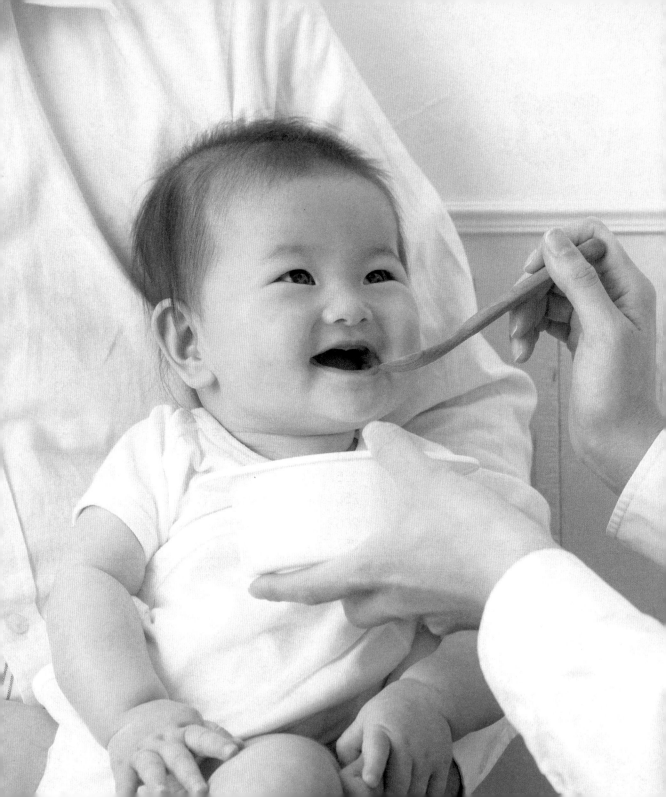

摄取均衡营养，
聪明宝宝健康第一步

妈妈们不必苛求每天的食谱营养搭配完全合理，比如宝宝今天蔬菜吃得少了，妈妈可以第二天多给宝宝补充些蔬菜。另外，妈妈们也可以 2～3 天为单位为宝宝合理搭配饭菜营养。

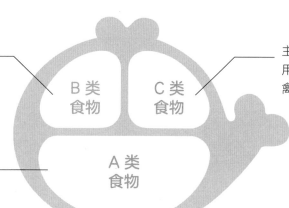

主要是富含维生素、矿物质的可用来烹调菜肴的蔬菜和水果。 —— B 类食物

C 类食物 —— 主要是富含蛋白质的可用于烹调各种汤的肉、禽、鱼、蛋、奶及大豆类。

主要是富含碳水化合物的米饭、面条等主食。 —— A 类食物

A 类食物

| 面粉 | 大米 | 燕麦片 |
| 小米 | 玉米 | 红薯 |

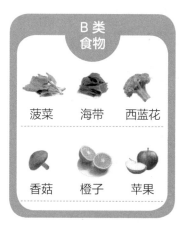

B 类食物

| 菠菜 | 海带 | 西蓝花 |
| 香菇 | 橙子 | 苹果 |

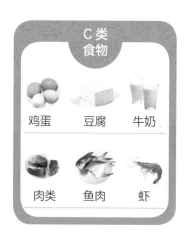

C 类食物

| 鸡蛋 | 豆腐 | 牛奶 |
| 肉类 | 鱼肉 | 虾 |

选择最合适的喂养方式

新生儿期及婴儿期是人一生中发育最迅速的时期，这个阶段的营养对宝宝的发育极为重要。选择最合适的喂养方式，是关系到喂养成功及保证宝宝健康发育的重要基础。

母乳喂养

一般来说，身体健康的妈妈分娩的健康、足月的宝宝，出生后早期得到充足的母乳喂养，应该是最理想的营养与喂养方式，因为母乳中的营养成分比例适当，易于宝宝吸收与利用。此外，母乳中含有丰富的抗体、活性细胞和其他免疫活性物质，这些物质能增强宝宝的抗感染能力，减少感染性疾病的发生，还能预防某些过敏性疾病。但是，以下情况不适合母乳喂养：

1 妈妈患有肝炎、活动性肺结核等传染病或患糖尿病、甲状腺功能亢进且需要治疗，就不要哺乳了。

2 妈妈因患病（如感冒、发烧等）不得不服用药物时，应停止哺乳，待病愈停药后再喂。

3 妈妈患有严重乳头皲裂或乳腺炎等疾病时，应暂停哺乳，以免加重病情。可以把母乳挤出来喂宝宝。

4 接触有毒化学物质或农药的妈妈不宜哺乳，因为有害物质可通过乳汁使宝宝中毒。

混合喂养

母乳分泌不足或因其他原因不能完全母乳喂养时，可选择混合喂养方式，采取补授法或代授法。

补授法是每次先喂哺母乳，让宝宝将乳房吸空，然后再喂配方奶。

代授法即一顿全部用母乳哺喂，另一顿完全用配方奶，也就是母乳和配方奶交替哺喂。

但是，一天中母乳喂养不应少于 3 次，否则母乳就会有迅速减少，甚至消失的可能。6 个月以内的宝宝应采用补授法喂养，6 个月以后可采用代授法。

另外，产假休完即将上班的妈妈常常会担心上班后哺乳不及时，宝宝营养不能保证充足。这种情况下，建议妈妈事先做好上班后的喂养安排，从上班前 1 个月开始逐渐改为混合喂养，选用近似母乳的配方奶粉作为母乳喂养的补充。

人工喂养

这种喂养方法是指由于各种原因无法进行母乳喂养，而只好采用其他乳品或代乳品进行喂哺的方法，其中以牛奶最为通用。6 个月以下的宝宝，必须保证用初始婴儿配方奶粉冲调喂养。

不同日龄新生宝宝所需牛奶的浓度及量

日龄	全奶：水	每次喂奶量（毫升）
1～2 天	1：1	20～40
3～7 天	2：1	20～40
8～15 天	2：1～3：1	80～100
16～28 天	4：1 或全奶	>100

全奶的配制方法：
一平勺奶粉加 4 勺（同样大小的勺子）的水，奶粉恰好溶解成奶水。

1/2 奶的配制方法：
一平勺奶粉加 8 勺水。

1/3 奶的配制方法：
一平勺奶粉加 12 勺水。

配方奶的正确冲泡

向奶瓶里倒入适量的温开水，然后加入规定比例的配方奶粉摇匀。一般的配方奶粉都含有足够的糖分，不需要另外添加，冲好的奶粉要凉至和妈妈体温相同时再喂宝宝。

用配方奶喂养宝宝时，一定要注意以下 3 点：

1 忌过浓或过稀。浓度高可能会引起腹泻，浓度低会造成营养不良。

2 忌高温。妈妈的体温是 37℃ 左右，这也是配方奶中各种营养成分存在的适宜条件，也刚好适合宝宝的胃肠吸收。

3 忌污染变质。配方奶比较容易滋生细菌，冲调好的奶粉不能再被高温煮沸消毒，所以冲泡时一定要注意卫生。配方奶粉开罐后放置时间不能过长，不然容易受到污染。

人工喂养宝宝时如何把握奶汁温度

将冲泡好的奶汁装入奶瓶中，把奶汁滴几滴在自己的手背上，如感到不烫，那么这个温度刚好适合宝宝的口腔温度。有些父母采用吸吮几口奶汁的方式来感觉奶汁温度，这样很不卫生，因为成人口腔中的细菌很容易留在奶嘴上。宝宝的抵抗力弱，这样很容易引起疾病。此外，成人口腔对温度的感觉与宝宝的感觉相差甚远，有时成人觉得奶汁不烫，对宝宝来说，这个温度却是不能忍受的。

1~3岁宝宝的饮食原则

牛奶每天不能少

1岁以上的宝宝，因为牙齿还没有发育完全，不能从固体食物中摄取足够的蛋白质，所以饮食上还应该注意奶类食物的摄取。奶类食物是宝宝重要的营养来源之一，以每天给宝宝喝350~500毫升纯牛奶为宜。

食物品种的选择

宝宝的食物要干稀搭配，荤素搭配，饭菜要多样化，每天都不重复。例如，主食要轮换着吃稀饭、馒头、面条、包子、饺子、馄饨、花卷等，要用肉、豆制品、蛋、蔬菜等混合做菜，一个炒菜里可同时放两三样蔬菜。

少量多餐

宝宝的胃比成年人小，不能像大人那样一日三餐，进餐次数应该多一些。1岁至1岁半的宝宝，每天可进餐5~6次，即早、中、晚三餐加上午、下午加餐各1次，临睡前可再增加1次晚点心，但3次加餐的点心不宜太多，不然会影响宝宝正餐的食欲。

食物口味清淡

给宝宝吃的食物要以天然、清淡为原则。不要添加过多的盐、糖等调味品，否则会增加宝宝肾脏的负担，损害其功能，影响宝宝的健康。

食物要新鲜

妈妈在采购的时候，尽量选择新鲜的食物，尽量不购买垃圾食品、合成食品、加工食品、腌渍食品、冰冻食品、反复融冻食品，制作食物的量尽量刚好，少给宝宝吃剩饭剩菜。

烹调宜少油

给宝宝烹调的食物口感不宜过硬，还要避免油腻、过咸、辛辣等。烹调上要注意甜咸、干稀、荤素合理搭配，为宝宝提供均衡的营养。此外，合理搭配食物的色、香、味、形，有助于提高宝宝的食欲。

第一章

0～3岁宝宝
同步喂养按月查

0～28天
—— 母乳是宝宝最好的食物

0～28天宝宝身体发育标准		
	体重（千克）	身长（厘米）	头围（厘米）
男宝宝	3.5~4.6	51.2~55.1	34.3~37.0
女宝宝	3.3~4.3	50.3~54.1	33.9~36.3

注：原始数据参考国家卫生健康委员会2022年发布的《7岁以下儿童生长标准》，后同。

哺喂小讲堂

💙 珍惜宝贵的初乳

初乳是指新生儿出生后7天内所吃的母乳，虽然量不多但浓度很高，颜色类似于黄油。与一般的母乳相比，初乳中富含抗体、蛋白质、较低的脂肪，以及宝宝所需的各种酶类、碳水化合物等，这些是其他任何食品都无法代替的。

妈妈的初乳可以极大地增强宝宝的免疫力，越早吃到初乳，宝宝的免疫屏障建立得越早。母乳中的免疫球蛋白能提高新生儿的抵抗力，促进新生儿的健康发育。初乳中含有的保护肠黏膜的抗体，能预防肠道疾病。初乳还能刺激肠胃蠕动，加速胎便排出，加快肝肠循环，减轻新生儿生理性黄疸等。

所以，妈妈一定要珍惜自己的初乳，尽可能不要错过给宝宝喂初乳的机会。

💙 提倡母乳喂养

对妈妈的好处

母乳喂养可以增强子宫收缩，减少产后出血，使身材更容易复原；喂养过程是妈妈与宝宝建立良好关系的机会，能使妈妈有愉快感和满足感。

对宝宝的好处

母乳含有牛奶等其他代乳品所不能替代的、丰富的、易消化的营养物质，尤其是母乳中的必需氨基酸，是宝宝生长发育的必需营养素。母乳中的矿物质是最符合宝宝生理需要的，其中钙、磷的吸收率都较牛奶更好。母乳喂养可以预防宝宝患上佝偻病。

母乳主要营养成分表

营养素	功效
蛋白质	大部分是容易消化的乳清蛋白，且含有代谢过程中需要的酶及能抵抗感染的免疫球蛋白和溶菌素
脂肪	含大量不饱和脂肪酸，并且脂肪球较小，容易吸收
必需不饱和脂肪酸	比例合适，不易引发脂肪性消化不良，能帮助宝宝大脑和智力的发育
乳糖	在消化道内变成乳酸，能促进消化，帮助钙、铁等矿物质的吸收，并能抑制大肠杆菌的生长，降低宝宝患消化道疾病的概率
钙、磷	比例恰当，容易消化吸收

❤ 新生儿最好按需哺乳

按需哺乳就是只要宝宝想吃，妈妈就可以随时哺喂。按需哺乳的方法，既可使乳汁及时排空，又能通过宝宝频繁的吸吮，刺激妈妈垂体分泌更多的催乳素，使奶量不断增多，同时也可避免妈妈出现不必要的紧张和焦虑情绪（过度紧张和焦虑，可通过反射机制抑制乳汁的分泌）。

新生儿在出生后 1~2 周，吃奶的次数会比较多，有的宝宝一天可能吃奶十几次，即使是后半夜，吃得也比较频繁。到了 3~4 周，吃奶的次数会明显下降，每天也就 7~8 次，后半夜往往就一觉睡到自然醒，5~6 小时不吃奶。

即使是刚刚出生的宝宝也是知道饱饿的，什么时候该吃奶，宝宝会用自己的方式告诉妈妈。

❤ 让乳汁充足的方法

乳汁充足与否和妈妈的营养情况有直接关系。哺乳期间，新妈妈要多吃营养丰富的食物，摄入足够的碳水化合物和水，也要多吃些富含维生素和矿物质的水果、蔬菜，以及富含蛋白质和脂肪的瘦肉类、鱼类、奶类、蛋类等。

要按时哺乳。宝宝吸吮乳头会使催乳素分泌增加，妈妈可以每三四个小时哺乳一次。哺乳后如果还有多余乳汁，可用吸奶器或用按摩的方法将其挤净。

充分的休息和乐观的情绪对维持乳汁正常分泌也有作用。

❤ 无母乳或母乳不足时用配方奶粉

婴幼儿配方奶粉是专为缺乏母乳哺喂的宝宝研制的食品，它根据不同时期婴幼儿生长发育所需营养而设计，成为无母乳或母乳不足妈妈喂养宝宝的较为理想的替代食品。

无论哪种牌子的配方奶粉，只要宝宝食用后体重增加的速度和大便都很正常，就是适合宝宝的。宝宝喝的奶粉不宜频繁更换牌子，否则容易引起消化功能紊乱。

那么如何配制配方奶粉呢？刚出生的新生儿，消化功能弱，不能消化浓度较高的奶粉，应先喂浓度低一些的配方奶，最好是先喂 1/3 奶，3 天后可喂 1/2 奶，1 周后才能喂全奶。

喂养达人分享

❤ 宝宝安全奶瓶——破碎后玻璃碴不伤人

这种非常适合宝宝使用的安全奶瓶抗破碎性非常好，强度能达到普通玻璃奶瓶的 4 倍，即使破碎了，也会分裂成均匀、无锋利口、不易伤人的小颗粒。

每日营养计划

上午	6：00	母乳喂养或配方奶 50 ～ 80 毫升
	12：00	母乳喂养或配方奶 50 ～ 80 毫升
下午	15：00	母乳喂养或配方奶 50 ～ 80 毫升
	18：00	母乳喂养或配方奶 50 ～ 80 毫升
晚上	21：00	母乳喂养或配方奶 50 ～ 80 毫升
	24：00	母乳喂养或配方奶 50 ～ 80 毫升

奶汤鲫鱼

材料 鲫鱼 300 克，牛奶 100 毫升，高汤 800 毫升。

调料 葱段、姜片、料酒各 5 克，盐 4 克，植物油适量。

做法

1 将鲫鱼剖洗干净，在鱼身两侧剖上花刀，放入沸水中焯烫一下，捞出，沥水。

2 锅置火上，倒油烧热，爆香葱段、姜片，下鱼煎至两面金黄，下高汤、料酒、盐，大火烧沸，用中火慢炖 20 分钟，加牛奶烧沸即可。

营养师点评

鲫鱼历来被民间用作通乳的食物，能补中益气、通乳，适合产后乳汁不下、乳少者食用。

补中益气
通乳

改善体虚
改善贫血

花生炖猪蹄

材料 猪蹄 2 只（约 500 克），花生米 50 克。

调料 盐 4 克。

做法

1 猪蹄洗净，用刀划口，便于入味。

2 将猪蹄、花生米放入锅中，加适量清水，大火烧开，撇去浮沫，用小火炖至熟烂，加盐调味，待骨能脱掉即可。

营养师点评

富含蛋白质的花生米配以补血通乳的猪蹄，适合产后少乳或体虚、贫血者食用。

清炖乌鸡

材料 乌鸡500克,党参、黄芪、枸杞子各15克。

调料 葱段、姜片、盐、料酒各适量。

做法

1 乌鸡洗净,切块,加葱段、姜片、盐、料酒拌匀。

2 在乌鸡肉上面铺上党参、黄芪、枸杞子,放入适量水,大火烧开,转小火炖40分钟即可。

营养师点评

乌鸡中含丰富的铁和钙,钙能预防骨质疏松和佝偻病,铁能改善缺铁性贫血。新妈妈在医师指导下适当多食对宝宝很有益处。

改善
缺铁性贫血

增乳
下乳

油菜炒豆腐

材料 豆腐150克,油菜100克。

调料 盐、味精、水淀粉、生姜、香油、清汤、植物油各适量。

做法

1 将豆腐洗净,切块,放入热油锅中煎成金黄色,出锅沥油。

2 油菜择去老叶,去根,洗净,切成段。生姜洗净,去皮,切丝。

3 锅中倒油烧热,放入姜丝煸香,加入油菜煸炒,放入豆腐、清汤烧沸,加盐、味精,用水淀粉勾芡,淋上香油即可。

营养师点评

这道菜新妈妈食用有下乳、增乳、补钙的功效。

清炒苋菜

材料 苋菜 450 克。

调料 盐、植物油各适量，蒜碎 5 克。

做法

1 苋菜洗净，焯水，过凉，中间切一刀。

2 锅中放油烧热，下蒜碎爆香，放入苋菜段翻炒，出锅前加盐炒匀即可。

营养师点评

苋菜含有丰富的维生素 K，可改善产后妈妈造血、凝血功能，苋菜还有清热、明目的作用。此外，适当食用苋菜还有通便作用。

祛火
通便

补气
养血

莲藕鸭肉煲

材料 鸭肉 250 克，莲藕 100 克。

调料 姜片、葱段各少许，盐适量。

做法

1 鸭肉洗净，切小块，用沸水焯一下。莲藕洗净，去皮，切片。

2 锅内加入适量清水，放入鸭块、莲藕片、姜片、葱段，大火烧开后撇去浮沫，转小火炖1.5小时，加盐调味即可。

营养师点评

鸭肉富含蛋白质，莲藕富含碳水化合物，二者在营养上互补。若选去皮鸭肉与莲藕煲汤，更适合产后运动少、想控制体重的妈妈食用。

红枣菊花养颜汤

材料 桂圆 50 克，红枣 5 枚，菊花 5 克。
调料 冰糖适量。
做法

1 红枣去核，洗净。桂圆洗净。菊花泡洗干净。
2 锅内倒入适量清水，放入红枣、桂圆，大火烧开后转小火煮 15 分钟，加冰糖煮化，放入菊花稍浸泡即可。

营养师点评

菊花具有清热解毒的作用，菊花煮水是产后新妈妈补充水分的不错选择。

润肤
养颜

改善
睡眠

小米发糕

材料 小米面 50 克，黄豆面 30 克，酵母粉适量。
做法

1 酵母粉用温水化开。小米面、黄豆面放入盆内，加温酵母水搅拌成面糊，盖上盖发 2 小时。
2 将面糊倒在铺有湿屉布的蒸屉上，用模具抹平，中火蒸 20 分钟，取出晾凉，切块即可。

营养师点评

黄豆面是黄豆炒熟后磨制而成的，在这个过程中，黄豆中的一些抗消化因子遭到破坏，因此熟黄豆面更容易被消化，其含有的蛋白质也更容易被产后妈妈吸收。

南瓜红米粥

材料 红米 50 克，南瓜 100 克，红枣 5 枚，
红豆 40 克。

做法

1 红米、红豆洗净后用水浸泡 4 小时。南瓜去
皮、瓤，洗净，切小块。红枣洗净，去核。

2 锅内加适量清水烧开，加入红米、红豆，大
火煮开后转小火煮 40 分钟，加红枣、南瓜
块煮至米烂豆软即可。

营养师点评

红米含有丰富的淀粉、维生素 B 族、植物蛋白，
可以补充体力，还有一定补血功效，有助于改
善精神不振和失眠等症状；南瓜具有补中益气、
消炎止痛的作用。

补中
益气

强体
通乳

生滚鱼片粥

材料 黑鱼片 80 克，大米 50 克。

调料 葱末、姜末各少许，淀粉、盐各适量。

做法

1 大米洗净，浸泡 30 分钟。黑鱼片洗净，加
姜末、淀粉拌匀，腌制 15 分钟。

2 锅内倒入适量清水烧开，放大米煮成粥，倒
入黑鱼片煮 3 分钟，加葱末、盐调味即可。

营养师点评

在腌制黑鱼片的时候加入一些淀粉，可以使其
更加鲜美、嫩滑，让新妈妈食欲大开。

2~3个月
——快速生长期，营养要跟上

2~3个月宝宝身体发育标准			
	体重（千克）	身长（厘米）	头围（厘米）
男宝宝	5.8~6.8	59.0~62.2	39.1~40.5
女宝宝	5.4~6.2	57.7~60.8	38.2~39.5

哺喂小讲堂

❤ 宝宝食欲不好，要缩短喂奶时间

有的宝宝吃得很少，好像都不会饿似的，给奶就漫不经心地吃一会儿，不给奶吃，也不哭闹，没有吃奶的欲望。对这样的宝宝，妈妈就要计算喂奶的时间，一旦宝宝把乳头吐出来，把头转过去，就不要再给宝宝吃了，过2~3小时再给宝宝喂奶，这样就能保证宝宝每天摄入的总奶量，每天的营养也就能够得到保证。

❤ 叫醒宝宝喂奶

有些妈妈看宝宝睡得香，不忍心叫醒宝宝喂奶，这种做法是不科学的，因为早产、体重轻或体质弱的宝宝觉醒能力较差，如果一直睡下去，有可能发生低血糖。所以，如果宝宝睡眠时间超过3小时仍然不醒，要叫醒宝宝给其喂奶，如果仍然不吃，就要看是否有其他异常情况了。若是在后半夜，可以先不叫醒宝宝，但如果睡眠时间超过6小时，就要叫醒宝宝吃奶了。

💗 哺乳期妈妈每天应该这样吃

谷类	薯类	牛奶	大豆类	坚果	烹调油
225~275克	**75**克	**300~500**毫升	**25**克	**10**克	**25**克
（其中全谷物和杂豆不少于1/3）					

水果类	蔬菜类	鱼、禽、蛋、肉类（含动物内脏）	食盐
	400~500克		不超过**5**克
200~350克	（其中绿叶蔬菜和红黄色等有色蔬菜占2/3以上）	**175~225**克	水 **2100**毫升

注：1.数据参考中国营养学会修订编写的《中国居民膳食指南（2022）》。2.为保证维生素A的摄入，建议每周吃1~2次动物内脏，总量达85克猪肝或40克鸡肝。动物性食物和大豆类食物之间可做适当的替换，豆制品喜好者可以适当增加大豆制品的食用，减少动物性食物，反之亦可。

喂养达人分享

💗 硅胶乳头保护贴——防咬伤、防皲裂

　　柔软无味的硅胶材质能给乳头最佳的呵护，超薄的质地丝毫不影响宝宝顺畅吃奶，是防止哺乳期宝宝咬伤乳头及乳头皲裂、破溃的理想产品。这种完美贴合乳头的设计，适合乳头扁平、短小或内陷的妈妈使用，还能有效防止乳晕的色素沉着，让爱美的妈妈更好地呵护自己。

补气补血催乳妈妈餐

桑寄生煲鸡蛋

材料 桑寄生 15 ~ 30 克，鸡蛋 1 ~ 2 个。

做法

1 将鸡蛋放入锅中煮熟，去壳。

2 将净鸡蛋和桑寄生同煮后食用即可。

营养师点评

桑寄生性平，味苦、甘，有较好的补益肝肾、强壮筋骨、坚固发齿的作用。此外，新妈妈多食桑寄生煲鸡蛋，催乳的效果也比较好。本品应在医师指导下食用。

催乳
补益肝肾

月母鸡

补虚
补血

材料 小母鸡 1 只（重约 1000 克）。

调料 生姜片、葱段各 10 克，盐 4 克，料酒 10 克，植物油少许，高汤 2000 毫升。

做法

1 小母鸡宰杀洗净，剁块，汆烫，捞出控水。

2 锅内倒植物油化开，下姜片、葱段爆锅，加鸡块翻炒，烹入料酒、高汤烧沸后，用小火慢炖至鸡酥烂，加盐调味即可。

营养师点评

母鸡肉对乏力、贫血、身体虚弱有很好的食疗作用。

猪骨炖莲藕

材料 猪排骨 500 克，莲藕 200 克，豆腐 150 克，红枣 50 克。

调料 姜片 10 克，盐 5 克。

做法

1 猪排骨洗净，斩成块，放入沸水锅中氽烫一下，捞出，沥干。莲藕洗净，去皮，切大块。

2 豆腐洗净，切块。红枣洗净。

3 锅置火上，放入排骨块和适量清水，煮开后撇去浮沫，加入莲藕块、姜片、红枣烧沸，转小火慢煮 50 分钟，加入豆腐块煮至熟烂，加盐调味，稍煮即可。

营养师点评

猪骨可补血、通乳，和莲藕一起食用效果更佳。

补血通乳

滋补通乳

白萝卜蛏子汤

材料 白萝卜 50 克，蛏子 100 克。

调料 葱段、姜片、料酒各 5 克，盐 4 克，植物油适量。

做法

1 蛏子洗净，放入淡盐水中浸泡 2 小时，再略微烫一下，捞出，剥去外壳。白萝卜去皮，洗净，切成细丝。

2 锅内倒油烧热，炒香葱段、姜片，倒清水、料酒，将萝卜丝放入锅内煮熟，放入蛏子肉煮开，放盐调味即可。

营养师点评

蛏子蛋白质含量丰富，白萝卜有利水的作用。这道汤可用于产后滋补，也有通乳的功效。

胡萝卜雪梨炖瘦肉

材料 猪瘦肉 400 克，雪梨 1 个，胡萝卜半根。

调料 姜片、盐各适量。

做法

1 猪瘦肉洗净，切小块，焯水。雪梨洗净去核，切小块。胡萝卜洗净，切片。

2 锅中加入水，放入瘦肉块、雪梨块、胡萝卜片、姜片，大火煮 30 分钟，加盐调味即可。

营养师点评

雪梨是润肺食物，胡萝卜中的胡萝卜素有调节人体免疫力的作用，猪瘦肉可滋阴、补血。此汤既可以起到润肺的作用，也有很好的补益效果。

润肺
嫩肤

桂圆莲子八宝汤

材料 桂圆 25 克，莲子、薏米各 40 克，芡实、干百合、北沙参、玉竹各 20 克，红枣 5 枚。

调料 冰糖适量。

做法

1 薏米、芡实洗净，浸泡 4 小时。百合洗净，泡软。其他材料洗净备用。

2 煲中放入芡实、薏米、莲子、红枣、北沙参、玉竹，加入适量清水，大火煮沸，转至小火慢煮 1 小时，再加入百合、桂圆肉煮 20 分钟，加入冰糖调味即可。

营养师点评

百合含蛋白质、钙、磷等多种营养素，可安心养神；莲子可安神、滋阴、除烦。以上材料在医师指导下搭配食用，有清心除烦的作用。

清心
除烦

豆腐丝拌胡萝卜

材料 胡萝卜200克，豆腐丝100克。

调料 盐、香油各适量，香菜段少许。

做法

1. 豆腐丝洗净，切短段，用沸水焯一下。胡萝卜洗净，切细丝，用沸水焯一下。

2. 将胡萝卜丝、豆腐丝放入盘中，加盐、香菜段，滴入香油拌匀即可。

营养师点评

豆腐丝富含蛋白质，胡萝卜富含胡萝卜素和可溶性膳食纤维，二者搭配有明目、通便的作用。

预防便秘

玉米炒空心菜

材料 空心菜250克，玉米粒80克。

调料 花椒、盐、植物油各适量。

做法

1. 玉米粒洗净，煮熟。空心菜洗净，焯水后捞出，切段。

2. 锅热放油，放入花椒爆香，倒入玉米粒、空心菜段炒熟，加盐调味即可。

营养师点评

这道菜含有丰富的膳食纤维、维生素和矿物质，有开胃降脂、润肠通便、利尿祛湿、增强食欲等作用。

利尿除湿

桂花栗子粥

材料 栗子 80 克，糯米 50 克，大米 20 克。

调料 糖桂花适量。

做法

1 栗子去壳，洗净，切丁。糯米洗净，清水浸泡 4 小时。大米洗净，泡 30 分钟。

2 锅内加入适量水烧开，放糯米、大米、栗子丁大火煮沸，转小火熬煮 30 分钟，煮至粥熟，淋糖桂花即可。

营养师点评

栗子中含有较多的碳水化合物和膳食纤维。可以为产后妈妈补充热量，也有利于预防产后便秘。但栗子不太容易消化，所以不要一次吃太多。

预防便秘

滋补气血

桂圆红枣粥

材料 干桂圆 20 克，红枣 10 枚，糯米 80 克。

调料 红糖适量。

做法

1 糯米洗净，清水浸泡 2 小时。桂圆去杂质，洗净。红枣洗净，去核。

2 锅内加入适量清水烧开，加入糯米、红枣、桂圆煮沸，转小火慢煮成粥，加入红糖搅拌均匀即可。

营养师点评

相较于鲜桂圆，干桂圆更温和。鲜桂圆属于水果的一种，中医学认为桂圆肉性温热，多吃容易上火，而经烘干处理后的干桂圆相对温和。产后妈妈可以经常少量吃些干桂圆。

4~6个月
—— 味蕾萌发，辅食尝试期

4~6个月宝宝身体发育标准

月龄	性别	体重（千克）	身长（厘米）	头围（厘米）
4~5个月	男	7.5~8.0	64.8~66.9	41.6~42.5
	女	6.9~7.4	63.3~65.3	40.6~41.5
5~6个月	男	8.0~8.4	66.9~68.7	42.5~43.4
	女	7.4~7.8	65.3~67.1	41.5~42.2

4~6个月宝宝可放心吃的食物

大米
4个月后

红薯
4个月后

南瓜
4个月后

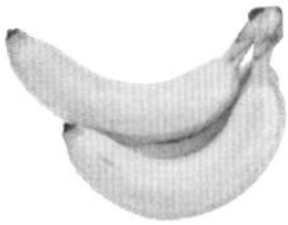

香蕉
第5个月

苹果
第5个月

菜花
第5个月

油菜
第6个月

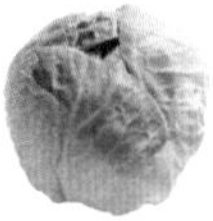

圆白菜
第6个月

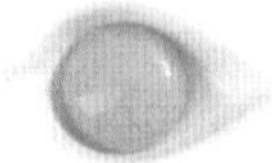

蛋黄
第6个月

哺喂小讲堂

🐛 可以添加辅食的信号

宝宝开始对食物感兴趣

随着消化酶的活跃，4 个月后宝宝的消化功能逐渐发达，唾液的分泌量不断增加。这时候的宝宝会突然对食物感兴趣，看到爸爸妈妈吃东西，自己也张嘴或朝着食物倾上身，这时就可以开始准备给宝宝添加辅食了。

宝宝的伸舌反射消失

每个新生儿都有用舌头推掉放进嘴里的除液体以外东西的反射习惯，这是一种防止造成呼吸困难的保护性动作。伸舌反射一般消失于宝宝出生后 4 个月左右。把勺子放进宝宝嘴里，如果宝宝没有用舌头推掉，就可以开始喂辅食了。

🐛 婴儿营养米粉是最好的起始辅食

宝宝满 4 个月后，最好的起始辅食应该是婴儿营养米粉。米粉最好在白天喂奶前添加，上、下午各一次，每次两勺（用米粉罐内的小勺），用温水和成糊，喂奶前用小勺喂给宝宝。每次米粉喂完后，立即用母乳喂养或配方奶喂饱孩子。妈妈们必须记住，每次进食都要让宝宝吃饱。

当然，如果宝宝吃辅食后不再喝奶，就说明宝宝已经吃饱。宝宝耐受这个量后，可逐渐增加米粉量。宝宝 6 个月后，米粉内可加入一些蔬菜泥（或宝宝能够耐受米粉后 2 ~ 3 周，可以加少许菜泥）。

🐛 可以添加蛋黄了

可以给满 4 个月的宝宝添加蛋黄了。蛋黄应从少量开始添加，喂食的方法为第一次添加 1/8 个鸡蛋黄，加适量母乳、配方奶、米糊或肉泥，调成糊喂食，宝宝吃后如果没有不适感，可以逐渐增加到 1 个蛋黄。

🐛 每周添加一种辅食

在宝宝习惯并开始喜欢吃米粉后，可以每周添加一种辅食，如土豆、南瓜、黄瓜等味不浓、膳食纤维含量低、容易消化吸收的食物。添加辅食时，最好遵守逐渐加量的原则，第一天喂 1 勺或 2 勺，然后逐渐加量至半碗。辅食添加需要 7 天的观察适应期，这样宝宝的肠道才能有充分的时间适应新的食物，如果出现异常反应，也比较容易查出原因。第一种添加的蔬菜如不产生过敏反应则可再添加另一种。第一个月每周添加一种蔬菜，以后可以每 3 天添加一种。

💙 适合 4 ~ 6 个月宝宝的食物硬度

大米
磨好的米粉与水的比例为1：8或1：10，粥的黏稠度参考酸奶。

胡萝卜
将胡萝卜磨成泥放入锅里煮熟。

菠菜
在沸水里烫一下后将叶子部分压碎过滤。

土豆
将土豆磨成泥放入锅里煮熟。

西蓝花
用搅拌机磨碎后放入粥里煮熟。

苹果
将苹果搅打成泥状，用纱布过滤后煮一会儿。

喂养达人分享

💙 宝宝感温匙羹——食物温度超过 43℃匙羹会变色

温感匙羹采用高品质PP材料制造，高温下也不会释放有毒物质，专为宝宝设计，具备感温功能。当食物温度超过43℃时，匙羹前端部分将由原有颜色变为白色，当食物温度低于43℃时，匙羹前端部分会逐步恢复到原有颜色。使用它便于妈妈掌握食材温度，给宝宝更多的呵护。

每日营养计划		
上午	6：00	母乳喂养或配方奶150 ~ 200 毫升
	9：00	大米糊20 ~ 30 克
	12：00	母乳喂养或配方奶150 ~ 200 毫升
下午	15：00	母乳喂养或配方奶150 ~ 200 毫升
	16：00	蔬菜汁或果汁30 ~ 50 毫升
	18：00	母乳喂养或配方奶150 ~ 200 毫升
晚上	21：00	母乳喂养或配方奶150 ~ 200 毫升
	24：00	母乳喂养或配方奶150 ~ 200 毫升

吃饭香长得壮宝宝餐

大米汤

材料 精选大米 100 克。

做法

1 大米淘洗干净，加水大火煮开，转为小火慢慢熬成粥。
2 粥好后，放置 4 分钟，用勺子舀去上面不含饭粒的米汤，放温即可喂食。

营养师点评

大米富含淀粉、维生素 B$_1$ 等，大米汤具有健脾养胃的功效，可以当作宝宝的辅食。

健脾养胃

预防宝宝便秘

小油菜汁

材料 小油菜 250 克。

做法

1 小油菜洗净，切段，放入沸水中焯烫至九成熟。
2 将小油菜放入榨汁机中加纯净水榨汁，榨完后过滤即可。

营养师点评

小油菜富含膳食纤维，能帮助宝宝肠胃蠕动，让宝宝排便更通畅。

圆白菜米糊

材料 大米 20 克，圆白菜 10 克。

做法

1 将大米洗净，浸泡 20 分钟，放入搅拌器中磨碎。

2 将圆白菜洗净，放入沸水中充分煮熟后，用刀切碎。

3 将磨碎的大米和适量水倒入锅中，大火煮开，放入圆白菜，调成小火煮开。

4 用勺子捣碎成糊即可。

营养师点评

圆白菜富含叶酸，能促进宝宝智力发育，并能预防宝宝贫血。

预防宝宝贫血

促进脑细胞发育

蛋黄泥

材料 生鸡蛋 1 个。

做法

1 将鸡蛋放入锅中煮熟。

2 取出鸡蛋，剥壳，取蛋黄，再加适量温开水调匀即可。

营养师点评

鸡蛋所含的营养物质非常丰富，特别是蛋黄中的卵磷脂，有助于宝宝神经系统和脑细胞的发育。鸡蛋是高蛋白、高脂肪食物，不宜食用过多，每天不应超过两个，否则会加重宝宝消化系统的负担。

7~9个月
—— 尝试更多食物

7~9个月宝宝身体发育标准

月龄	性别	体重（千克）	身长（厘米）	头围（厘米）
7~8个月	男	8.8~9.1	70.3~71.7	44.0~44.6
	女	8.1~8.4	68.7~70.1	42.9~43.5
8~9个月	男	9.1~9.4	71.7~73.1	44.6~45.1
	女	8.4~8.7	70.1~71.5	43.5~44.0

7~9个月宝宝可放心吃的食物

玉米
第7个月

黄花鱼
第8个月

绿豆
第9个月

鸡蛋
7个月后

海带
第8个月

豆腐
第9个月

红枣
第7个月

酸奶
第8个月

黑芝麻
第9个月

母乳或奶粉仍是宝宝的主食

虽然喂辅食的量和次数在慢慢增多，但不要忘记这个时期还是要以母乳或奶粉为主食。随着辅食量增多，授乳量会慢慢减少，但完全断奶对宝宝是不利的。每天至少授乳 3 ~ 4 次，总量应在 600 毫升以上。最好在吃完辅食后再授乳。

这个时期是为断奶做准备的时期，需要添加的辅食是以蛋白质、维生素、矿物质为主要营养成分的食物，包括蛋、肉、蔬菜、水果，其次是富含碳水化合物的食物。

每次喂的辅食量应因人而异，食欲好的宝宝应稍微吃得多一点。因此，不用太依赖规定的量，但也不宜喂食过多或过少。

开始 1 天喂 1 次零食

到 8 个月大时，宝宝可以熟练地爬行，可以扶住某一东西站起，活动量突然增加，因此应增加辅食量来补充热量需求，但一次消化过多的食物，对宝宝来说是个负担，最好的方法是增加喂食次数。

在这个阶段，不能完全依赖辅食，每天还应吃 1 次零食来补充热量和营养，煮熟或蒸熟的天然材料是适合宝宝的最佳零食，如捣碎的蒸熟的红薯、土豆、南瓜等。饼干或饮料之类的食品，热量和含糖量过高，容易引起过敏。

要注意给宝宝补铁了

宝宝到 7 个月时，已经基本耗尽从母体中得到的铁，因此最好通过摄取肉类来补充体内的铁。比较适合补铁的肉类有低脂肪且不容易引起过敏的牛肉和瘦猪肉。肉汤对补铁的帮助并不是很大，所以最好将瘦肉捣碎后放到粥中喂食。

可以吃蒸鸡蛋羹了

7 个月以后的宝宝可以吃蒸鸡蛋羹了，可先用蛋黄蒸成蛋羹，以后逐渐增加蛋清的量。不足 7 个月的宝宝不能食用鸡蛋清，因为宝宝会对鸡蛋清中的异种蛋白产生过敏反应，导致湿疹或荨麻疹等疾病。

🌰 适合 7 ~ 9 个月宝宝的食物硬度

大米
磨好的米粉与水的比例为 1 : 5，粥的黏稠度参考色拉酱。

胡萝卜
煮 3 分钟后切碎。

菠菜
在沸水里烫一下后将叶切碎。

土豆
土豆煮 3 分钟后切碎。

西蓝花
除去硬茎，将花冠部分用热水烫一下后切碎。

苹果
用搅拌机磨碎后放入粥里煮熟。

喂养达人分享

🌰 保温餐盘——让宝宝的饭菜不变凉

盘子是空心设计，盘边有可打开的入水口，将温水装入后盛装宝宝的食物，靠水的温度来保持食物的温度。吃饭的时候宝宝即使顽皮好动，吃饭时间长，饭菜也不容易凉。温热的食物有益于宝宝的脾胃健康。

每日营养计划

	6：00	母乳喂养或配方奶 180 ~ 210 毫升
上午	8：00	蔬菜面 20 克，鸡蛋羹 20 克，蔬菜汁 50 毫升
	10：00	奶糕 1 块，蛋黄 1 个
	12：00	母乳喂养或配方奶 180 ~ 210 毫升
下午	14：00	油菜土豆粥 1 小碗，馒头片 1 片
	16：00	白开水 50 毫升
	17：00	南瓜蔬菜粥 1 小碗，胡萝卜泥 50 克
晚上	21：00	母乳喂养或配方奶 180 ~ 210 毫升

豆腐羹

材料 豆腐1块，白粥1碗，青菜几棵。

调料 盐、香油、生抽各少许。

做法

1 将白粥放到小奶锅中，加热至稍沸，转为小火。

2 用勺子将豆腐捣碎，加入粥中。

3 将青菜洗净，剁碎，加一点点盐，煮沸后关火，滴入少许香油和生抽调味即可。

营养师点评

豆腐富含钙，宝宝多食，能促进牙齿和骨骼的生长和发育。

促进牙齿发育

菜花米糊

材料 大米 20 克，菜花 30 克。

做法

1 将大米洗净，浸泡 20 分钟，放入搅拌器中磨碎。
2 将菜花放入沸水中焯烫一下，去掉茎部，将花冠部分用刀切碎。
3 将磨碎的米和适量水倒入锅中，大火煮开，放入菜花碎，转成小火煮开。
4 用过滤网过滤，取汤糊即可。

营养师点评

菜花能提高宝宝肝脏的解毒功能，增强宝宝的免疫力。

增强宝宝免疫力

玉米豌豆粥

材料 大米 20 克，玉米 10 克，豌豆 5 克。

做法

1 大米洗净，浸泡半小时。
2 玉米和豌豆均洗净，放入开水中焯烫一下，去皮捣碎。
3 将大米和适量水倒入锅中，大火煮开，再放入玉米碎和豌豆碎稍煮即可。

营养师点评

玉米中谷氨酸含量较高，能促进脑细胞代谢，宝宝常吃玉米有健脑益智的作用。

健脑益智

10 ~ 12 个月
—— 向成人饮食靠近

10~12个月宝宝身体发育标准

月龄	性别	体重（千克）	身长（厘米）	头围（厘米）
10~11 个月	男	9.6~9.8	74.3~75.5	45.5~45.8
	女	9.0~9.2	72.8~74.0	44.4~44.8
11~12 个月	男	9.8~10.1	75.5~76.7	45.8~46.1
	女	9.2~9.4	74.0~75.2	44.8~45.1

10~12个月宝宝可放心吃的食物

番茄
第 10 个月

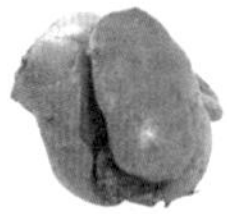

鸡肝
第 11 个月

红豆
第 12 个月

虾
第 10 个月

芹菜
第 11 个月

鸡肉
第 12 个月

葡萄
第 10 个月

生菜
第 11 个月

彩椒
第 12 个月

每次至少吃 100 克以上的辅食

10 个月的宝宝需要通过断奶食物获取必要的营养。每次吃的量虽因宝宝个体差异而异，但量过少会导致宝宝营养不均衡，应找出原因增加宝宝的食量。到这个阶段，一般一次至少要吃 100 克，相当于原味酸奶杯 1 杯左右的量，也有一次吃 150 克的宝宝。

可以尝试一日三餐、定时喂辅食

11 个月的宝宝如果已经有了按时吃饭的习惯，可以正式进入一日三餐按点吃饭的时期。从这时起，要把断奶食物作为主食。随着从断奶食物中得到越来越多的营养，每次的量也要增多，一日三餐要有不同的食物，每隔 2 ～ 4 天就要均匀地吃到各种食物，帮助充分摄取一天所需的各种营养物质。千万不能直接喂大人吃的咸、辣的菜，妈妈做菜时，可以在加调料前先盛一部分出来，单独给宝宝食用。

添加些能锻炼宝宝咀嚼力的食物

这个阶段宝宝的乳牙已萌出，唾液量增加，爱流口水，开始喜欢咬硬的东西，会将自己的小手指放入口中或咬妈妈的乳头等，所以在这段时间里，可以给宝宝吃一些排骨、牛肉干、烧饼、锅巴、馒头干、苹果等稍有硬度的辅食，通过咬、啃这些食物，刺激牙龈，帮助乳牙进一步萌出，改正咬乳头的习惯，同时也能够及时地训练宝宝的咀嚼能力。

这个时期喂奶仍要进行

这个时期的宝宝新陈代谢旺盛，活动量大，应给其提供充分的能量。宝宝喝点母乳或配方奶就能得到很多能量，而且奶中还含有丰富的大脑发育必需的脂肪，因此这个阶段喂奶是有必要的。即使宝宝吃辅食了，也不能忽视喂奶，母乳或配方奶一天应喂 3 ～ 4 次，共 600 ～ 700 毫升。

尽量不给宝宝吃油炸菜肴

这个时期宝宝能吃的蔬菜种类增加了，除了刺激性强的辣椒、辣萝卜等蔬菜外，其他蔬菜大多数都能吃了。但是，爸爸妈妈们要注意食物的烹调方法，尽量不给宝宝吃油炸的菜肴。另外，不要吃反季节蔬菜，尽量给宝宝吃应季的蔬果。

🍂 适合 10 ~ 12 个月宝宝的食物硬度

大米
呈饭粒形态，用手容易压碎，黏稠度参考稀饭。

胡萝卜
切成边长约 5 毫米的碎块，煮 3 分钟。

菠菜
在沸水里烫一下后将叶切成 5 毫米见方的片。

土豆
切成边长约 5 毫米的块，煮 3 分钟。

西蓝花
切除硬茎，将花冠部分用热水烫一下后切成边长约 5 毫米的碎块。

苹果
切成边长约 5 毫米的丁。

喂养达人分享

🍂 全自动面条机——3 分钟做出无添加剂面条

　　这种面条机只需要加入适量面粉和水，3 分钟就能自动做出没有添加剂的湿面条。机器带有不同的出面嘴，适合宝宝吃的龙须面、通心面等都能轻松制作。节省下来的烹调时间妈妈们可以用来多陪陪宝宝！

每日营养计划		
	6：00	母乳喂养或配方奶 210 ~ 240 毫升
上午	8：00	老南瓜胡萝卜粥 1 小碗，肉饼或面包 1 块
	10：00	母乳喂养或配方奶 210 ~ 240 毫升
	12：00	米饭 25 克，香菇蒸蛋 50 克
下午	15：00	母乳喂养或配方奶 210 ~ 240 毫升
	18：00	软饭 1 小碗，水果杏仁豆腐羹 20 克
晚上	21：00	水果（苹果、香蕉）适量，软饭 1 小碗

鲜虾蛋羹

材料 虾50克,鸡蛋1个,高汤40毫升,香菜5克。

做法

1 虾剥壳,去虾线,洗净后捞出沥干。鸡蛋打散,加入高汤及水搅拌均匀。

2 取蒸碗,放入蛋汁至八分满,把一半虾仁先加到蛋汁里。

3 蒸笼水滚后,把虾仁蛋汁放进去蒸5分钟,加入另一半虾仁,再蒸3~5分钟,至中央处以筷子插入不粘连时关火,最后以香菜作装饰即可。

营养师点评

富含促进宝宝生长的蛋白质、钙、铁、锌等。

促进宝宝
生长

番茄鱼糊

材料 三文鱼 100 克，番茄 70 克，加奶的菜汤适量。

做法

1 三文鱼去皮、刺，切成碎末。番茄用开水烫一下，去皮、蒂，切成碎末。

2 将准备好的加奶的菜汤倒入锅里，再加入鱼碎稍煮，然后加入切碎的番茄，用小火煮至呈糊状即可。

营养师点评

三文鱼富含不饱和脂肪酸，非常有助于宝宝神经系统的发育。

促进神经
系统发育

补充
蛋白质

鸡蓉汤

材料 鸡胸肉 100 克，鸡汤 300 克，香菜少许。

做法

1 将鸡胸肉洗净，剁碎，斩成鸡肉蓉，放入碗中拌匀。

2 将鸡汤倒入锅中，大火烧开。

3 将调匀的鸡肉蓉慢慢倒入锅中，用勺子搅开，待煮开后，加入香菜调味即可。

营养师点评

鸡肉中含有丰富的蛋白质，宝宝多食，能补充身体需要的蛋白质。

1~2岁
—— 培养良好饮食习惯

1~2岁宝宝身体发育标准

年龄	性别	体重（千克）	身长（厘米）	头围（厘米）
1岁~ 1岁6个月	男	10.1~11.3	76.7~83.1	46.1~47.4
	女	9.4~10.7	75.2~81.9	45.1~46.4
1岁6个月~ 2岁	男	11.3~12.6	83.1~88.2	47.4~48.3
	女	10.7~11.9	81.9~87.0	46.4~47.3

1~2岁宝宝放心吃的食物

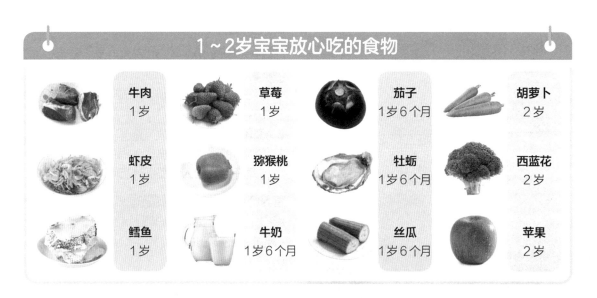

牛肉 1岁

草莓 1岁

茄子 1岁6个月

胡萝卜 2岁

虾皮 1岁

猕猴桃 1岁

牡蛎 1岁6个月

西蓝花 2岁

鳕鱼 1岁

牛奶 1岁6个月

丝瓜 1岁6个月

苹果 2岁

🌱 均衡摄取 5 种营养素

1 ~ 2岁是宝宝骨骼和消化器官快速发育的时期，同时也是体重和身长增长的重要时期。因此，要注意通过饮食给宝宝提供充分的碳水化合物、蛋白质、矿物质、维生素、脂肪这5种营养素，保证营养均衡。宝宝辅食的制作原则是通过主食吸收碳水化合物、蛋白质、矿物质，通过零食吸收维生素和脂肪。

🌱 宝宝的饭菜尽量少调味

做宝宝的饭菜宜选用合适的烹调方式和加工方法，要注意去除食物的皮、骨、刺、核等；花生等坚果类食物应该磨碎，制成泥糊；宜选用蒸、煮、炖等烹调方式，不宜采用油炸、烤、烙等方式。对1岁后的宝宝可以适量喂使用盐、酱油等调味的食物，但是给15个月前的宝宝最好喂清淡的食物。有的食材本身含有盐分和糖分，就没必要调味了。给汤调味时可以用酱油、海带或鱼。宝宝如果习惯了甜味就很难戒掉，所以尽量不要用白糖调味。

🌱 给宝宝独立进食的机会

一岁半的宝宝已经有了自我意识，爸爸妈妈应该给宝宝学习独立进食的机会，不要总是担心宝宝吃不好，或者嫌宝宝撒出食物后收拾起来很麻烦，应该鼓励宝宝尝试，提高宝宝对吃饭的兴趣和自信。从只能吃几口到可以慢慢把饭吃完，宝宝自己会摸索独立吃饭的方法。爸爸妈妈别忘了要先教会宝宝用勺子、叉子、杯子等餐具。

🌱 按时进餐，节制零食

给宝宝安排正餐和零食时，一是注意时间上要有规律，二是吃什么要有规律。要在两次正餐之间的固定时间给宝宝吃零食，其他时间不给宝宝吃零食。给宝宝吃零食是为了不饿着他们，而且选择的零食应该能补充三餐的不足。例如，宝宝三顿饭都吃得饱饱的，就可以只给他吃点瓜果、喝点豆浆等，选择流质易消化的食物；要是宝宝胃口不好，吃饭少，就给他吃一点小包子、小馒头等；要是饭菜太清淡了，就给宝宝吃个煮鸡蛋或豆腐干、豆腐脑等。

💙 适合 1 ~ 2 岁宝宝的食物硬度

大米
比大人吃的饭更软一些，蒸饭时多加一些水。

胡萝卜
切成边长约 7 毫米的碎块，煮 3 分钟。

菠菜
在沸水里烫一下，切成 7 毫米见方的片。

土豆
切成边长约 7 毫米的块，煮 3 分钟。

西蓝花
切除硬茎，将花冠部分用热水烫一下，切成边长约 7 毫米的块。

苹果
切成边长约 7 毫米的丁。

喂养达人分享

💙 卡通趣味练习筷子——拿在手上不脱落

这种筷子是连体设计，每根筷子都带有能插入手指的塑料环，其中一根筷子带有一个能插进宝宝拇指的塑料环，另一根筷子带有两个能插进宝宝食指和中指的塑料环，能让宝宝习惯正确的拿筷姿势，即使用不好筷子，筷子也不会从小手上脱落！

每日营养计划

上午	8：00	大米豆粥 70 克，小花卷 1 个（约 25 克），花生酱少许，配方奶 150 ~ 200 毫升
	10：00	酸奶 150 毫升，小点心 1 块
	12：00	软饭 1 碗，麻酱鸡丝、黄瓜丁各 50 克，菠菜汤 1 小碗
下午	15：00	香蕉或苹果 100 克，煮鸡蛋 1 个，配方奶 150 毫升
	18：00	南瓜米粉 1 小碗，橘子 1 个
	19：00	配方奶 150 ~ 200 毫升
晚上	21：00	配方奶 250 毫升

牛肉蔬菜粥

材料 牛肉 40 克，米饭 100 克，土豆、胡萝卜、韭菜各 20 克，高汤 1000 毫升。

调料 盐适量。

做法

1 将牛肉、韭菜分别洗净，切碎。胡萝卜、土豆分别去皮，洗净，切成小丁。

2 锅中放高汤煮沸，加入牛肉碎、胡萝卜丁和土豆丁炖 10 分钟，加入米饭拌匀再煮约 10 分钟至沸，加韭菜碎，再加盐调味即可。

营养师点评

蔬菜中的维生素 C 有助于人体对牛肉中铁的吸收。

补铁

温拌双泥

材料 茄子 100 克，土豆 100 克，鸡蛋 1 个。

调料 盐、番茄酱、香油各少许。

做法

1 茄子蒸熟，去皮后捣烂成泥。土豆蒸熟，去皮，压成泥。茄子泥、土豆泥分别加盐，搅拌均匀。

2 鸡蛋煮熟后，蛋黄压成泥，蛋清切成末，分别加盐搅拌均匀。

3 将茄子泥、土豆泥对称放在盘中，再把蛋清末、蛋黄泥分别放在茄子泥、土豆泥的两侧，浇上番茄酱、香油即可。

营养师点评

这道菜含维生素 B 族、胡萝卜素、粗纤维及多种矿物质，能促进宝宝生长发育。

促进宝宝发育

补钙

虾皮黄瓜汤

材料 虾皮 50 克，黄瓜 100 克，紫菜适量。

调料 植物油、盐、香油各适量。

做法

1 黄瓜洗净，切成片。紫菜洗净，撕碎。

2 锅置火上，倒油烧热，下虾皮煸炒片刻，加适量清水煮沸。

3 加入黄瓜片和紫菜转小火煮 3 分钟，出锅前加盐调味，淋香油即可。

营养师点评

虾皮含钙量很高，50 克虾皮含 495.5 毫克钙，宝宝常吃可以补钙，强身壮骨。

2～3岁
—— 可以自己进餐了

2～3岁宝宝身体发育标准

	体重（千克）	身高（厘米）	头围（厘米）
男宝宝	12.6~14.6	88.2~97.5	48.3~49.3
女宝宝	11.9~14.1	87.0~96.2	47.3~48.5

2～3岁宝宝放心吃的食物

营养素	食材
碳水化合物	谷类、豆类及豆制品：大米、高粱米、黏小米、玉米、面包、大麦、糙米、红豆、荞麦面、凉粉、粉条、小麦粉、绿豆粉 其他：土豆、红薯、栗子
蛋白质	水产类：黄花鱼、鳕鱼、鲅鱼、螃蟹、贝壳类、鱿鱼、干贝肉、虾 肉类：牛肉、鸡胸肉、猪肉 豆类及豆制品：各种豆、豆腐、豆腐脑 蛋类：鸡蛋、鹌鹑蛋
矿物质和维生素	蔬菜类：黄瓜、南瓜、萝卜、西蓝花、菜花、卷心菜、洋葱、油菜、白菜、香菇、金针菇、茄子、黄豆芽、彩椒、韭菜 水果类：苹果、香蕉、梨、香瓜、西瓜、哈密瓜、葡萄、桃、柠檬、橙子、猕猴桃 菌藻类：海带、紫菜
脂肪	油脂类：香油、橄榄油、黄油 奶类及奶制品：奶粉、牛奶、奶酪、原味酸牛奶 其他：豆类、花生、核桃、芝麻

哺喂小讲堂

🐾 宝宝的食物要松软、清淡

这个时期，宝宝差不多可以吃大人的食物了，但要注意宝宝能否完全消化。质韧的食物，熟透后要切成适当的大小再喂，但也不要切得太碎，否则宝宝会不咀嚼而直接吞咽。宝宝满3岁后，咀嚼的能力提高，可以吃稍微硬点的食物。

虽然宝宝现在可以吃大人的饭菜，但是最好不要喂咸、辣的食物，以免宝宝习惯了吃重口味的食物。像腌菜之类的长期用盐水腌制的食物，很难去掉咸味，不要用水涮一涮就给宝宝吃。

🐾 宝宝不爱吃蔬菜怎么办

增加蔬菜种类

每天给宝宝吃3～5种蔬菜，并注意经常更换品种，有意识地让宝宝品尝各种时令蔬菜，不断增加蔬菜品种。如果有的宝宝仅仅是不吃一两种蔬菜，妈妈可试着更换同类蔬菜，比如不爱吃油菜可改吃菠菜，不爱吃冬瓜可以改吃丝瓜、黄瓜，等等。

换一种烹调方法

用蔬菜和肉馅做成饺子、馄饨、包子或者丸子，不但味道鲜美，还便于宝宝咀嚼和吞咽。蔬菜烹调前要用开水焯去青菜味和涩味。有些宝宝不喜欢吃做熟的蔬菜，而是喜欢生吃一些蔬菜，也是可以的。韭菜、茴香等味道浓重的蔬菜可以在做带馅面食时加入一些，使宝宝慢慢适应其味道。

🐾 宝宝不爱吃肉怎么办

提高烹饪技巧

①用葱、姜、蒜、料酒去腥。
②肉类菜肴不要做得太油腻，肉汤要撇去浮油。

巧烹饪，改变口感

①做荤素肉丸、红烧肉时，烧好后加水蒸1小时，可使瘦肉变得松软。
②肉片可采用氽或熘的方法，使肉质变得鲜嫩可口，不会塞宝宝的牙缝。

💝 适合 2～3 岁宝宝的食物硬度

大米
和大人吃一样
的饭。

胡萝卜
切小块，煮 3
分钟。

菠菜
在沸水里烫一
下，切成小片。

土豆
切小块，煮 3
分钟。

西蓝花
切除硬茎，将花
冠部分用热水烫
一下，切成小块。

苹果
让宝宝自己拿
着吃。

喂养达人分享

💝 带盖吸盘碗——将碗牢牢吸在桌面上

这种碗底座上有吸盘，能将碗牢牢地吸附在桌面上，避免了能自己吃饭的宝宝容易将碗内的食物倾倒出去的问题，还带有防热手柄及独立的密封盖，便于存储和携带宝宝的食物。

每日营养计划

上午	8：00	牛奶或配方奶 150 毫升，菠菜鸡蛋面 75 克
	10：00	酸奶 100 毫升，饼干 25 克
	12：00	米饭 50 克，炒蛋菜 100 克，白菜豆腐汤 1 小碗
下午	15：00	水果沙拉 100 克，面包 30 克
	18：00	清汤面 30 克，清蒸基围虾 50 克，芹菜炒猪肝 50 克
	19：00	牛奶或配方奶 150～200 毫升
晚上	21：00	牛奶或配方奶 150 毫升

清蒸基围虾

材料 基围虾 200 克。

调料 盐适量,香菜段 5 克,葱末、姜末、蒜末各 3 克,料酒、酱油各 5 克,香油少许。

做法

1 基围虾洗净,去头,去壳,用料酒、盐、葱末、姜末腌渍。蒜末加酱油、香油调成味汁。

2 将基围虾仁放入大盘中,上笼蒸 15 分钟,上桌前撒上香菜段、淋上调味汁即可。

营养师点评

基围虾是一种蛋白质含量非常丰富的食物,其维生素 A 含量比较高,脂肪含量低,富含磷、钙,可促进宝宝成长。

促进宝宝成长

双色饭团

材料 米饭 100 克，鲔鱼 20 克，菠菜 30 克，鸡蛋 1 个，紫菜 2 片。

调料 番茄酱适量。

做法

1 制作茄汁饭团：鲔鱼压碎，和番茄酱一起拌入米饭中，做成球状饭团，然后放在铺好的紫菜上即可。

2 制作菠菜饭团：菠菜洗净，烫熟，挤干水分并切碎。鸡蛋煮 10 分钟至熟，取半个切碎。将菠菜、煮蛋和米饭混合，做成球状饭团，然后放在铺好的紫菜上即可。

营养师点评

这道饭团食材种类多样，食物颜色也比较多样，能促进宝宝的食欲。

促进宝宝
食欲

百合干贝蘑菇汤

材料 百合 10 克，干贝 20 克，鲜香菇 100 克。

调料 葱花少许，盐 1 克，植物油适量。

做法

1 干贝、百合清水洗净，浸泡 30 分钟，干贝去黑线。香菇洗净切块，焯水。

2 锅内倒油烧热，放入葱花爆香，放入香菇块翻炒，倒入泡好的百合和干贝及汤，大火煮沸，加盐调味即可。

营养师点评

香菇含较丰富的维生素 D，搭配锌、蛋白质含量丰富的干贝，有助于促进骨骼生长。

开胃
健脾

不同食材的计量法

食材的用量不用去精确计量，用我们平时用的勺子和我们的感觉就能取到适当的量。

大米 10 克

1 勺。

泡后的大米 10 克

勺中的米凸起
0.5 厘米。

西蓝花 10 克

2 个鹌鹑蛋大小
或剁碎后 1 勺。

西蓝花 20 克

3 个拇指大小。

土豆 10 克

5 厘米 ×2 厘
米 ×1 厘米的长条
或搅碎后 1 勺。

土豆 20 克

直径约 4 厘米
的土豆切取 1/4。

胡萝卜 10 克

搅碎后 1 勺。

胡萝卜 20 克

直径约 4 厘米
的胡萝卜切取 2 厘
米厚。

菠菜 10 克

勺子一样大
小的 2 片或搅碎
后 1/2 勺。

菠菜 20 克

从茎到叶子约
12 厘米长的菠菜
5 根。

金针菇 20 克

用手握住时拇
指能碰到食指的第
一个指节。

豆芽 20 克

用手握住时拇
指碰不到食指的第
一个指节。

红薯 20 克

直径约 5 厘米的红薯切取 2 厘米厚的一块。

洋葱 10 克

拳头大小的洋葱切取 1/16 。

南瓜 10 克

搅碎后 1 勺。

南瓜 20 克

直径约 10 厘米的南瓜切取 1/16 大小的一块。

香菇 20 克

中等大小的香菇 1 个。

黑豆 10 克

50 ~ 65 粒。

牛肉 10 克

2 个鹌鹑蛋大小或压碎后 1/3 勺。

牛肉 20 克

1 满勺。

苹果 10 克

压成泥后 1 勺的量。

豆腐 10 克

压碎后 1 勺。

豆腐 20 克

切取一块标准豆腐的 1/10。

勺计量法

　　1 小勺相当于 1 大勺的 1/3 ；食材在勺中达到凸起的程度，是压成汁后 5 毫升的分量，相当于成人用勺 3/4 或宝宝用勺 1 勺的量。把食材切碎或压成汁后的 10 克相当于成人用勺 1 勺或宝宝用勺 2 勺的量。

第二章

0～3岁宝宝
最需要的营养素

蛋白质 宝宝生长发育的基本原料

对于生长发育来说，蛋白质是基石，没有蛋白质，生命组成就无从谈起。一个小生命以蛋白质为原料组成自己的细胞和组织，并随时用蛋白质进行细胞的修补。除此之外，人体所需的"酶"，以及有特殊生物功能的"激素""抗体"等，都是由蛋白质构成的。

对宝宝的好处

给宝宝提供充足的蛋白质可以帮助促进宝宝的脑组织、骨骼、肌肉、皮肤等各个器官、组织或系统的生长与发育。另外，蛋白质是组成"酶""激素"的原料，可以帮助建立宝宝的免疫力、抵抗力等，维持体内的酸碱平衡，还可作为能量的储备库。

营养素缺乏症状自测

- 生长发育变得缓慢。
- 体重逐渐减轻，身材矮小，不再生长。
- 可能会出现偏食、厌食的症状。
- 容易发生感冒、咳嗽等免疫力低下的状况。
- 皮肤伤口后愈合迟缓。

黄金搭档

补充蛋白质的同时，千万别忘了补充碳水化合物，因为后者是身体热量供应的主要来源，如果能量不足，蛋白质便会充当"替补"，这样反而会增加蛋白质的消耗，不利于身体的吸收。因此，在补充蛋白质前要保证体内有足够的热量。

补充维生素有利于蛋白质的吸收，因此妈妈们在用温水给宝宝冲蛋白质粉时，可以搭配一些维生素一起服用，效果更佳。

适宜摄入量

0～6个月宝宝每日的蛋白质推荐摄入量为9克，7~12个月为每日20克，1～2岁每日为25克，3岁为每日30克。2克蛋白质相当于250毫升母乳中蛋白质的量。

重点推荐食材		
鸡蛋	牛奶	瘦肉

其他推荐食材		
鱼类	大豆	坚果

鸡蛋玉米羹

材料 玉米粒 100 克，鸡蛋 1 个。

调料 盐、白糖各少许。

做法

1 将玉米粒洗净，用搅拌机打成玉米蓉。鸡蛋打散成蛋液。

2 将玉米蓉放沸水锅中不停搅拌，再次煮沸后，淋入鸡蛋液，加盐和白糖即可。

营养师点评

鸡蛋中含有丰富的蛋白质，鸡蛋中所含的蛋白质品质仅次于母乳。宝宝常吃些玉米，能起到保护眼睛的作用。

提高
宝宝视力

增强
抵抗力

牛奶枸杞银耳

材料 银耳 30 克，牛奶 120 毫升。

调料 白糖、枸杞子各少许。

做法

1 银耳提前泡发。枸杞子洗净。

2 锅中放适量水，加银耳，大火烧开后转小火。

3 加少量枸杞子继续炖煮 10 分钟，关火。

4 倒入牛奶拌匀，加入少量白糖调味即可。

营养师点评

银耳含有酸性多糖类物质，可以增强宝宝的抵抗力；枸杞子有抗疲劳、保护眼睛的效果。

牛肉酿豆腐

材料 牛里脊、豆腐各 100 克。

调料 姜片 10 克，盐少许，淀粉、植物油各适量。

做法

1 把姜片放在小碗中，加少许温水泡 15 分钟。

2 牛里脊洗净，切小块，放入料理机中打成泥。

3 取适量泡好的姜水倒入牛肉泥中，用手反复抓匀，再放入盐、淀粉和植物油，用筷子朝一个方向搅拌均匀。

4 豆腐洗净，切成长方块，用小勺挖掉 2/3，摆盘。

5 将拌好的牛里脊泥用勺填入豆腐中。取蒸锅加清水，将豆腐盘放入锅中，水开后继续大火蒸 20 分钟即可。

营养师点评

日常饮食中，应多给孩子吃富含优质蛋白质的食物，如禽畜类、鱼类、奶类、大豆及其制品等，消化吸收率高，对孩子长高益智有益。

开胃健脾

五彩瘦肉丁

材料 红椒、黄椒、青椒各 20 克，莴笋、胡萝卜各 30 克，猪瘦肉 120 克。

调料 蚝油 5 克，生抽 3 克，料酒 10 克，白糖 2 克，淀粉适量。

做法

1　胡萝卜洗净，切丁。莴笋去皮，洗净，切丁。红椒、黄椒、青椒洗净，去蒂及籽，切丁。猪瘦肉洗净，切丁，加生抽、淀粉、白糖和料酒腌 10 分钟。

2　锅内倒油烧至六成热，放入瘦肉丁略炒，加入莴笋丁、胡萝卜丁，加蚝油翻炒。

3　再放入红椒丁、黄椒丁、青椒丁炒匀即可。

营养师点评

猪瘦肉除了富含蛋白质，还含有丰富的维生素 B 族、铁，搭配莴笋、胡萝卜等食用，不仅有助于长高益智，还能调节新陈代谢。

调节
新陈代谢

维生素 B₂　缓解和消除宝宝口腔炎症

维生素 B₂ 是一种水溶性维生素，人体无法合成，需要从食物或相关补充剂中摄取，来满足人体的需要。它主要参与物质代谢，促进细胞的氧化还原，是构成黄素酶的辅酶。

对宝宝的好处

维生素 B₂ 能够促进宝宝的正常发育和细胞的再生，如皮肤、指甲、毛发等的正常生长，帮助宝宝缓解和消除口腔、唇、舌的炎症，促进宝宝的视力发育，同时还能提高宝宝的应激适应能力。

营养素缺乏症状自测

- 免疫力低下，爱生病。
- 嘴角破裂且疼痛，舌头发红疼痛。
- 眼睛疲劳、畏光，瞳孔扩大，甚至出现角膜变异。
- 口腔、鼻部、前额及耳朵出现脱皮。
- 宝宝缺乏活力，睡眠时间长。
- 容易出现水肿、排尿不畅。

黄金搭档

维生素 B₂ 与维生素 C 等一起搭配摄取，能促进维生素的吸收；维生素 B₁、维生素 B₂、维生素 B₆ 最佳摄取比例为 1∶1∶1。

维生素 B₂ 与蛋白质搭配，有利于维生素 B₂ 在体内的存留，防止其随着尿液的排出而很快流失。

适宜摄入量

0~6个月的宝宝每日推荐摄入量为0.4毫克，6~12个月为每日0.5毫克，1~3岁为每日0.6毫克，相当于50克左右鸡肝中维生素B₂的量。

重点推荐食材

动物肝脏　　牛奶　　　蛋黄

其他推荐食材

糙米　　　菠菜　　　坚果

鸡肝小米粥

材料 鲜鸡肝、小米各 30 克。

调料 香葱末、盐各适量。

做法

1 鸡肝洗净，切碎。小米淘洗干净。

2 锅中倒入水烧开，放入小米煮开，转小火煮约 15 分钟，放入鸡肝碎煮至小米开花。

3 粥煮熟之后，用盐调味，再撒上些香葱末即可。

营养师点评

小米有和胃安眠、滋阴养血的功效；鸡肝可以预防宝宝眼睛干涩、疲劳，维持肤色健康，还有补血的作用。

养血明目

香果燕麦牛奶饮

材料 即食燕麦片 2 大匙，鲜奶 1 杯，苹果 1 块，香蕉半根，葡萄数颗。

调料 白糖少许。

做法

1 燕麦片用热水冲开。香蕉去皮，切片。苹果洗净，去皮，切丁。葡萄去皮和籽。

2 将香蕉、苹果、葡萄倒入搅拌机，加少量水，打成汁。

3 将鲜奶、果汁加入燕麦片中搅拌均匀即可。

营养师点评

苹果和香蕉都含丰富的膳食纤维、钾等，能够促进宝宝胃肠蠕动，防止便秘。

调理便秘

豆腐皮鹌鹑蛋

材料 鹌鹑蛋120克，豆腐皮60克。

调料 大料1个，老抽2克，盐1克。

做法

1 鹌鹑蛋洗净，煮熟盛出，去壳。豆腐皮洗净，切条。

2 锅中放入适量清水、老抽、大料和盐，大火煮开后转小火煮出味。

3 放入鹌鹑蛋、豆腐皮，煮沸后继续煮10分钟关火，盖盖静置5分钟即可。

营养师点评

鹌鹑蛋富含蛋白质、卵磷脂等营养物质，搭配豆腐皮同食，具有健脑、增高的作用。

促进
发育

蛋黄玉米泥

材料 鲜玉米粒 100 克，熟蛋黄 1 个。

做法

1 鲜玉米粒洗净煮熟，放入料理机中。

2 将熟蛋黄也放入料理机中，加入适量饮用水，打成泥即可。

营养师点评

蛋黄中含有丰富的维生素 A 和卵磷脂，玉米中含有丰富的维生素 B 族、玉米黄素。二者搭配食用有助于大脑发育。

促进
消化

叶酸 完善宝宝血液系统功能

叶酸，又叫维生素 B_9、维生素 M，是维生素 B 族的一种，溶于水，能促进红细胞及细胞内生长素的生成，也是机体细胞生长和繁殖必需的营养物质之一。

对宝宝的好处

可以促进宝宝大脑神经系统的发育，因为叶酸可以使得宝宝神经细胞的功能更加成熟、稳定，从而有效预防由于叶酸缺乏而造成的智力发育迟缓。

营养素缺乏症状自测

- 宝宝生长发育不良。
- 脸色苍白，舌头发炎，头发干枯。
- 宝宝没有力气，身体发软。
- 有腹泻等胃肠不适。
- 严重时可以发生贫血。
- 宝宝没有胃口，体重减轻。
- 出现身体虚弱、心跳加快的表现。
- 宝宝易发脾气。

黄金搭档

食用富含叶酸的食物时，宜同时吃些富含维生素 E 的食物，维生素 E 可以促进叶酸的吸收。

补充叶酸时，可以同时给宝宝搭配维生素 B_{12}，有助于宝宝更好地吸收叶酸。

适宜摄入量

$0 \sim 6$ 个月的宝宝每日需65微克叶酸，$6 \sim 12$ 个月的宝宝每日需要100微克叶酸，$1 \sim 3$ 岁的宝宝每日需要160微克叶酸。每50克菠菜含叶酸约100微克，不同阶段的宝宝按比例吃少量菠菜即可。

重点推荐食材

菠菜　　小白菜　　西蓝花　　生菜

其他推荐食材

鸡肝　　毛豆　　圆白菜　　杏

菠菜银耳汤

材料 菠菜 100 克，银耳 20 克。

调料 姜、葱、盐各适量。

做法

1 菠菜去根，洗净，切段。银耳洗净，沥干。姜、葱分别切细丝。

2 砂锅加水，煮开，放入菠菜稍烫，放盐、姜丝、葱丝，最后放银耳，稍煮片刻即可。

营养师点评

此汤能够滋阴润燥，防止宝宝皮肤粗糙，同时还有补气利水的作用。

滋阴
润燥

促进
宝宝成长

牛奶西蓝花

材料 西蓝花 50 克，牛奶 30 毫升。

做法

1 西蓝花清洗干净，放入水中汆烫至软。

2 将沥干水分的西蓝花切成小块。

3 将切好的西蓝花放入小碗中，倒入准备好的牛奶即可。

营养师点评

西蓝花含丰富的维生素、胡萝卜素、硒等多种生物活性物质，有健脑壮骨、补脾和胃的功效，利于宝宝生长发育。

西蓝花炒虾仁

材料 西蓝花 100 克，虾仁 50 克。

调料 料酒、酱油、蒜末各 3 克，植物油适量。

做法

1 西蓝花去柄，切小朵，洗净，焯烫捞出。虾仁洗净，去虾线，焯烫捞出。

2 锅内倒油烧热，放入蒜末爆香，加入虾仁翻炒，烹入料酒，倒入西蓝花大火爆炒，加入酱油调味即可。

营养师点评

虾仁富含钙、锌、蛋白质，搭配富含维生素 C、叶酸的西蓝花，能促进宝宝骨骼和大脑发育、提高免疫力。

健脑
开胃

肉末圆白菜

材料 猪瘦肉 50 克，圆白菜 150 克。

调料 葱花、姜末、生抽、植物油各适量，盐少许。

做法

1 猪瘦肉洗净，切碎，加生抽腌 15 分钟。圆白菜洗净，撕小片。

2 锅内倒油烧热，放入葱花、姜末炒出香味，下猪肉碎炒至变色，放入圆白菜片炒软，加盐调味即可。

开胃
通便

营养师点评

这道菜富含叶酸、蛋白质、铁、锌、维生素 C 等营养物质，能帮助宝宝提高免疫力，长高益智。

维生素 C 提高宝宝免疫力

维生素 C 是一种水溶性维生素，又叫抗坏血酸，是组成眼球晶状体的成分之一，宝宝如果缺乏的话，易导致晶状体浑浊。因此，应该在宝宝每天的饮食中注意补充富含维生素 C 的食物。

对宝宝的好处

维生素 C 对宝宝的主要益处有两点。首先，它是细胞间质的主要组成成分，因此可以维持宝宝牙齿、血管、骨骼及肌肉的正常功能，可以增强宝宝的抵抗力，预防坏血病。其次，维生素 C 还能促进叶酸、铁、钙等营养物质的吸收，同时降低宝宝出现过敏的概率。

营养素缺乏症状自测

- 宝宝抵抗力下降，常常生病，如感冒等。
- 出现出血倾向，常见于皮下、牙龈、鼻腔等的出血。
- 伤口愈合缓慢。
- 面色白，食欲差，易烦躁。
- 体重增长缓慢。

黄金搭档

宝宝吃含维生素 C 的食物时，搭配富含维生素 E 和 β - 胡萝卜素的食物，可以促进维生素 C 的吸收，从而增强宝宝的抵抗力和免疫力，减少疾病的发生。

适宜摄入量

0～3岁宝宝每日维生素C的推荐摄入量为40毫克，相当于65克左右猕猴桃中维生素C的量。

重点推荐食材			
猕猴桃	樱桃	橙子	菜花

其他推荐食材			
生菜	柑橘	草莓	鲜枣

狝猴桃橙汁

材料 狝猴桃半个，橙子半个。

调料 冰糖少许。

做法

1 将狝猴桃去皮，橙子去皮、核，一起放入果汁机中打碎。

2 将搅打好的果汁倒入杯中即可。

营养师点评

狝猴桃除了富含维生素 C 之外，还含有能稳定情绪、宁心安神的血清素。橙子具有生津止渴、开胃下气的功效。

宁心安神
开胃下气

提高免疫力
消除眼疲劳

樱桃草莓汁

材料 草莓、樱桃各适量。

调料 蜂蜜适量。

做法

1 草莓洗净，用淡盐水浸泡 5 分钟，去蒂切块。樱桃洗净，去核。

2 将准备好的材料放入搅拌机中榨汁。

3 加入蜂蜜搅匀即可。

营养师点评

樱桃和草莓都含有极为丰富的维生素 C，对提高宝宝免疫力有很大的效果，还有消除眼睛疲劳的功效。

家常炒菜花

材料 菜花 100 克，胡萝卜、水发木耳各 20 克。

调料 青蒜 10 克，蒜碎 5 克，盐 1 克，植物油适量。

做法

1 菜花洗净，切小朵。胡萝卜去皮，洗净，切片。水发木耳洗净，撕小朵。上述食材焯水备用。青蒜洗净，切段。

2 锅内倒油烧热，煸香蒜碎，放入菜花、胡萝卜片、木耳、青蒜段翻炒至熟，加盐调味即可。

营养师点评

这道菜含维生素 K、维生素 C、胡萝卜素、膳食纤维等，有助于明目护眼、润肠通便。

通便
明目

西梅生菜三明治

材料 全麦面包 70 克，西梅 60 克，火腿 20 克，
生菜 50 克。

做法

1 全麦面包切去四边备用。西梅去核。生菜洗净。

2 将西梅果肉用擀面杖压扁，均匀地铺在面包片上，
铺上火腿和生菜叶，盖上另一片面包片即可。吃
时可沿对角线切开。

营养师点评

这款三明治含有丰富的维生素 C、膳食
纤维，可以促进排便，而且酸甜可口，
还可增进食欲。

开胃
通便

维生素 A 增强宝宝抵抗力

维生素 A 是脂溶性维生素，主要储藏在肝脏中，少量储藏在脂肪组织中。维生素 A 有两种形式，一种是维生素 A 醇，也叫"视黄醇"，是其最初形态，只存在于动物性食物中；另一种是维生素 A 原，即 β - 胡萝卜素，在植物性的食物中存在。

对宝宝的好处

维生素 A 能增强宝宝的身体抵抗力，维持神经系统的正常生理功能及正常的视力，降低夜盲症的发病率；还可促进宝宝牙齿和骨骼的正常生长，修补受损组织，使皮肤表面光滑柔软。维生素 A 有助于血液的形成，还能促进蛋白质的消化和分解，保护消化系统，以及肾脏、膀胱等脏器。

营养素缺乏症状自测

- 宝宝皮肤粗糙、干涩，浑身出小疙瘩，好似鸡皮。
- 头发枯黄、稀疏且缺乏应有的光泽。
- 夜视力下降，适应黑暗的能力减弱，严重的可引起失明。
- 宝宝食欲不振，出现疲乏、腹泻等症状。

黄金搭档

吃富含维生素 A 的食物时，可同时吃一些维生素 B 族、维生素 D、维生素 E、钙和锌等含量丰富的食物，能有效促进维生素 A 的吸收。

维生素 A 是脂溶性维生素，给宝宝补充维生素 A 时，可以适当增加一些脂肪的摄入，能促进维生素 A 的吸收。

适宜摄入量

0 ~ 6 个月的宝宝每日维生素 A 推荐摄入量为 300 微克，6 ~ 12 个月为 350 微克，1 ~ 3 岁为 310 微克，相当于不到 5 克的猪肝中维生素 A 的量。

重点推荐食材			其他推荐食材		
动物肝脏	牛肉	鸡蛋	鲫鱼	鱿鱼	牛奶

清蒸肝泥

材料 猪肝50克,鸡蛋1个,胡萝卜泥30克。

调料 盐2克,葱花5克,香油、植物油各少许。

做法

1 猪肝去掉筋膜,洗净切成小片,和葱花一起下锅用油炒香,至八成熟时盛出,剁成泥。

2 把肝泥放入碗内,加入鸡蛋、胡萝卜泥、盐、香油和少许水搅匀,入蒸锅用大火蒸熟即可。

营养师点评

猪肝和鸡蛋中蛋白质、维生素A等含量丰富,能保护宝宝眼睛,维持正常视力和健康肤色。另外,本品的铁含量也很丰富,能预防宝宝贫血。

补血
明目

补血
消暑

鸡肝芥菜汤

材料 鸡肝片、鸡脯肉片各50克,芥菜150克。

调料 鸡汤、榨菜、木耳、菜花、食盐各少许。

做法

1 木耳用水泡发。芥菜洗净,切片。榨菜切丝。鸡肝片用水洗,挤血水适量。

2 锅置火上,加入鸡汤和适量水,烧开,加入其他材料和调料,汆熟后捞出。

3 将血水倒入汤锅中,烧开后撇去浮沫,倒入汆熟的食物中即可。

营养师点评

鸡肝可以补血,芥菜可防止宝宝上火。

豆腐蛋黄汤

材料 鸭蛋黄1个，豆腐100克。

调料 红椒、葱、姜、高汤、香油、盐、植物油各适量。

做法

1 豆腐切小块，浸泡于淡盐水中5分钟。葱、姜、红椒切末，鸭蛋黄切小丁。

2 锅置火上，烧热放少许油，煸香葱、姜末。加入蛋黄末略炒。

3 放入高汤，烧开，倒入豆腐块和少许盐，改中火煮。

4 撒上红椒丁和葱末，滴少许香油即可。

营养师点评

豆腐有植物肉的美称，富含钙、镁等物质，具有补中益气、生津润肠的功效。鸭蛋黄有明目补血的作用。

补中益气
明目补血

补钙
健脑

蛋皮鱼卷

材料 鸡蛋2个，鱼肉泥60克。

调料 豆油、葱末、姜汁、盐各少许。

做法

1 鱼肉泥用葱末、姜汁及少许盐调味，蒸熟。鸡蛋搅散。

2 小火将平锅烧热，刷上一层豆油，倒入蛋液摊成蛋皮，快熟的时候放入熟鱼泥。

3 将蛋皮卷成卷，出锅后切成小段，装盘食用即可。

营养师点评

本品富含钙、蛋白质、维生素、卵磷脂等，能预防宝宝钙缺乏，还有健脑补脑的作用。

熘猪肝

材料 猪肝 100 克，青椒 50 克。

调料 生抽 3 克，蒜片 4 克，盐 1 克，水淀粉、料酒、植物油各适量。

做法

1 猪肝洗净，切片，加盐、料酒、生抽腌渍 30 分钟。青椒洗净，去蒂及籽，切片。

2 锅内倒油烧至六成热，炒香蒜片，加入猪肝片炒至变色，放入青椒片，加生抽略炒，倒入水淀粉勾芡即可。

营养师点评

猪肝含有丰富的维生素 A，不仅有助于生长发育，还能补肝、明目。

补血
明目

钙 宝宝骨骼、牙齿发育的基石

钙在人体中的含量高于其他矿物质的含量，是构成骨骼和牙齿最重要的物质之一，通过与另一种元素——磷的相互"磨合"，来促进骨骼和牙齿的生成，并维持其正常功能。

对宝宝的好处

钙是宝宝牙齿和骨骼正常生长和发育的基石之一，帮助维持心肌的正常收缩，还能预防出血。另外，钙还有预防佝偻病的作用。

营养素缺乏症状自测

- 出汗增多，入睡后更明显。
- 精神烦躁，对事物失去兴趣。
- 夜间常突然惊醒，然后啼哭不止。
- 常出现串珠肋，容易发生气管炎、肺炎。
- 严重时可以出现肌肉、肌腱松弛，腹部膨大，以及驼背。1岁以内的宝宝还可能出现"X""O"形腿。

黄金搭档

钙与维生素D是一对好搭档，两者能够相互促进。另外，镁、锌、乳糖、蛋白质等物质也有助于机体对钙的吸收。

给宝宝补钙的时候，可以搭配维生素C，因为维生素C能够为钙提供一个良好的酸性环境，更有利于宝宝对钙的吸收。

适宜摄入量

0～6个月宝宝每日钙的推荐摄入量为200毫克，6～12个月为250毫克，1～3岁为600毫克。每100毫升母乳中含31毫克钙。

重点推荐食材	其他推荐食材

虾皮　　牛奶　　豆腐　　　鱼类　　海带　　芝麻酱

清蒸鲫鱼

材料 水发木耳 100 克，鲜鲫鱼 500 克。

调料 料酒、盐、白糖、姜片、葱段、花生油各适量。

做法

1 将鲫鱼去鳃、内脏、鳞，洗净，在鱼身两侧各划两刀。水发木耳去杂质，洗净，撕成小片。

2 将鲫鱼放入碗中，加入姜片、葱段、料酒、白糖、盐、花生油，覆盖木耳，上笼蒸 8 ~ 10 分钟，取出，去掉姜片和葱段即可。

营养师点评

鲫鱼富含钙，非常适合宝宝们食用。木耳富含铁，对预防宝宝贫血有很好的作用。

补钙
强身

补钙
促进排毒

木瓜鲜奶

材料 木瓜 400 克，鲜牛奶 250 毫升。

调料 白砂糖适量。

做法

1 选取新鲜熟透木瓜，去皮、籽，洗净，切成大块。

2 将木瓜块、鲜牛奶、白砂糖一起放入榨汁机中打成果汁即可。

营养师点评

牛奶富含钙，木瓜中胡萝卜素、维生素 B 族、维生素 C 等的含量也较高。这道餐除了补钙以外，还可以促进宝宝体内毒素的排出，防止宝宝便秘。

黑芝麻大米粥

材料 大米 150 克，黑芝麻 10 克。

做法

1 黑芝麻洗净，炒香，碾碎备用。大米洗净。
2 砂锅置火上，倒入适量清水大火烧开，加大米煮沸，转小火煮至八成熟，放入芝麻碎拌匀，继续熬煮至米烂粥稠即可。

营养师点评

黑芝麻含钙量非常高，经常服用可以使骨骼更加强劲，还可以润肠通便。搭配富含碳水化合物的大米，可起到促进发育和补钙的作用。

补钙
促进发育

强健
骨骼

蒜蓉蒸虾

材料 大虾 150 克。

调料 葱花、蒜末、姜片各 5 克，料酒、蒸鱼豉油各 4 克。

做法

1 取大虾，切开虾背，去虾线，加料酒、姜片腌渍 10 分钟。
2 上锅蒸 5 分钟。
3 锅内倒油烧热，放入蒸鱼豉油、蒜末炒香，浇在虾上，撒上葱花即可。

营养师点评

虾中所含的钙、碘和氨基酸是非常丰富的，可以补充人体所需。

香菇豆腐鸡蛋羹

材料 豆腐 150 克，鲜香菇 40 克，虾皮 5 克，鸡蛋 1 个。

调料 葱花 4 克，香油、料酒各适量。

做法

1 豆腐洗净，搅打成泥。鲜香菇洗净，焯水，切丁。鸡蛋打散备用。

2 豆腐泥中加入鸡蛋液、虾皮、香菇丁，调入料酒搅匀，盛入碗中。

3 将碗放入蒸锅中大火蒸约 10 分钟，撒上葱花，滴上香油即可。

营养师点评

豆腐含有丰富的蛋白质、钙等，搭配富含维生素 D 的香菇食用，可以促进钙吸收，帮助宝宝长个儿。

促进
吸收

铁 参与造血、促进生长发育

铁在人体内含量较为丰富，几乎所有的组织都含有铁元素，它是人体必需的微量元素之一，与健康有着密切的关系，是人体血红蛋白的组成成分，参与人体造血。

对宝宝的好处

铁能促进宝宝的生长发育，参与造血，维持血液系统正常的功能。铁作为运输氧的载体，能维持大脑氧的供应，保证其正常发育，促进宝宝智力的正常发展。

营养素缺乏症状自测

- 有贫血症状，如眼结膜、指甲、面色苍白。
- 皮肤干燥、角化；毛发失去光泽、易断、易脱落。
- 患口角炎、舌炎。
- 有恶心、呕吐、食欲不好等消化道症状。
- 有易怒、易兴奋、烦躁等精神症状，严重的可出现智力障碍。
- 精神不振、反应力差、记忆力减退等。

- 宝宝可能出现腹泻、腹胀或便秘等现象。
- 可能出现呼吸、心率加快，尤其是活动或哭闹后更明显。
- 易发生感染，可能出现淋巴结肿大。

黄金搭档

维生素 C 能促进铁元素的吸收，因此食用富含铁的食物的同时，应该添加含维生素 C 多的食物。

适宜摄入量

0~6 个月宝宝每日铁的推荐摄入量为 0.3 毫克，6~12 个月宝宝为 10 毫克，1~3 岁宝宝为 9 毫克，相当于 40 克猪肝中铁的含量。

重点推荐食材		

动物肝脏　　蛋黄　　瘦肉

其他推荐食材			

鱼类　　海带　　黑木耳　　芝麻酱

白菜肉片汤

材料 白菜 200 克，瘦肉 50 克，鸡骨汤 600 毫升。

调料 蒜蓉、酱油、生粉、植物油、盐各适量。

做法

1 白菜洗净，切段。瘦肉洗净，抹干水分，切成薄片，加少许酱油、生粉腌 10 分钟。

2 锅内倒油烧热，爆香蒜蓉，加入高汤烧开，放入肉片及白菜段同烧，至肉熟菜烂，放少许盐调味即可。

营养师点评

本品能够为宝宝提供充足的铁，预防宝宝贫血，还可通利肠胃、清热解毒，很适合宝宝喝。

养胃生津
清热解毒

促进宝宝
生长发育

蛋黄酱

材料 牛奶 300 毫升，蛋黄 2 个，面粉 40 克。

调料 糖、盐、蜂蜜、奶油各适量。

做法

1 蛋黄加适量的糖和 2 大匙的牛奶一起打匀。

2 将面粉过筛，加入已打匀的材料中，然后轻轻拌匀。

3 将适量糖、盐、蜂蜜加入剩余的牛奶中，拌匀。冲入做好的面糊中，搅拌，放到火上煮至浓稠后关火。注意要边煮边搅。

4 关火后拌入奶油，倒入容器中用保鲜膜覆盖，放入冰箱冷藏，食用时从冰箱中取出即可。

营养师点评

牛奶含丰富的钙与蛋白质，蛋黄含铁和脂肪，搭配面粉营养更丰富，利于宝宝生长发育。

黄花瘦肉粥

材料 大米 50 克, 猪瘦肉 50 克, 黄花菜 30 克。

调料 姜、盐少量。

做法

1　大米淘净, 浸泡 30 分钟, 捞出, 沥干。瘦肉洗净, 切片。黄花菜洗净。姜去皮, 切丝。

2　锅内加水, 放入大米煮至稍滚。

3　加入肉片、黄花菜、姜丝煮沸, 改小火慢慢熬煮。

4　待粥稠后, 加盐调味即可。

营养师点评

黄花菜含有极为丰富的胡萝卜素、维生素 C、钙和氨基酸等, 能够保护宝宝视力, 提高宝宝抵抗力, 还有消食、安眠的作用。

保护宝宝视力

补肝明目

牛肝拌番茄

材料 牛肝 50 克, 番茄 20 克。

做法

1　将牛肝外层的薄膜剥掉之后, 用凉水将血水泡出, 然后煮烂并切碎。

2　番茄用水焯一下, 随即取出, 去皮, 并切碎。

3　将切碎的牛肝和番茄拌匀即可。

营养师点评

这道菜具有补肝明目的功效, 很适合身体虚弱的宝宝食用。

牛肉盖浇饭

材料 牛里脊、苦瓜、胡萝卜各 50 克，大米、小米各 20 克。

调料 油适量。

做法

1 大米、小米淘洗干净，煮成二米饭。

2 苦瓜洗净，去皮及瓤，切丁，焯软。胡萝卜洗净，去皮，切丁，焯软。牛里脊洗净，切丁。

3 锅内倒油烧热，放入牛里脊丁炒香，再加入苦瓜丁、胡萝卜丁炒至八成熟，加水焖煮收汁。

4 将炒好的菜浇在二米饭上即可。

营养师点评

这道主食含铁、优质蛋白质，可补充体力、开胃促食。

健胃
强体

锌 宝宝的"智慧元素"

锌在人体绝大部分组织中都有分布，以肝脏、肌肉和骨骼中的含量为高，是体内一种重要的抗氧化剂，是人体 200 多种含锌酶的组成成分与激活剂。作为微量元素，锌的需求量仅次于铁。

对宝宝的好处

锌能参与宝宝各种消化活动，促进宝宝的食欲、增强味觉。被称为"智慧元素"的锌对宝宝的智力发育起着举足轻重的作用。锌对免疫系统具有增强作用，可提高宝宝的反应能力和免疫力，促进伤口的愈合，促进性器官、性功能的正常发育，在维护正常视力和肌肤完整性等方面也有重要意义。

营养素缺乏症状自测

- 厌食，异食癖。
- 生长发育迟缓，包括体重、身高（长）、智力、生殖器官发育等方面。
- 易感染，如出现腹泻、肺炎等。
- 口腔溃疡、舌黏膜剥脱。

黄金搭档

食用富含锌的食物时，可以同时多食用含维生素A、维生素D的食物，促进锌元素的吸收。

钙、铁和锌搭配，能够促进机体对锌的吸收，在给宝宝补锌时，可以适当补充些含钙、铁的食物。

适宜摄入量

0~6个月的宝宝每日推荐摄入量为2毫克，6~12个宝宝为每日3.5毫克，1~3岁宝宝为每日9毫克，相当于50克牡蛎中锌的含量。

重点推荐食材　　**其他推荐食材**

牡蛎　　扇贝　　动物肝脏　　牛肉　　鸡肉　　鱼类　　花生

牡蛎南瓜羹

材料 南瓜 400 克，鲜牡蛎 250 克。

调料 盐、葱、姜各适量。

做法

1 南瓜去皮、瓤，洗净，切成细丝。牡蛎洗净，切成丝。葱、姜分别洗净，切丝。

2 汤锅置火上，加入适量清水，放入南瓜丝、牡蛎丝、葱丝、姜丝，加入盐调味，大火烧沸，改小火煮，盖上盖熬成羹后关火即可。

营养师点评

牡蛎富含锌，是宝宝补充锌元素的佳品。南瓜中含有较丰富的膳食纤维，可促进宝宝消化。

补锌
佳品

花生大米粥

材料 带衣花生米 50 克，大米 100 克。

做法

1 将花生米捣烂，大米淘洗干净。

2 将花生碎和大米放入锅中，大火煮开，转小火煮熟即可。

营养师点评

花生米富含蛋白质和不饱和脂肪酸。这道餐能醒脾开胃，促进宝宝食欲。本品的锌含量也很高，可作为宝宝补锌的食品。

开胃
健脾

鸡肝土豆糊

材料 土豆 40 克，大米 50 克，鸡肝 10 克。

调料 盐适量。

做法

1 鸡肝用流动的水冲净，放入锅中煮熟，捞出，水留用。土豆清洗干净，放入锅中煮软，捞出压成茸。

2 大米洗净，加入煮鸡肝的水，大火煮开，中火熬成糊。

3 取一半的鸡肝捣成泥，与土豆茸一起加入大米糊中，调入盐，搅匀即可。

营养师点评

鸡肝富含蛋白质、维生素 A、钙、铁和锌等，可以保护宝宝视力，能起到明目的作用。

护眼
明目

护胃

粉丝扇贝南瓜汤

材料 扇贝、粉丝、南瓜各适量。

调料 油、蒜泥、盐、耗油、水淀粉、料酒各适量。

做法

1 粉丝提前泡开。南瓜洗净切块。扇贝洗净，将裙边与肉分开，扇贝肉上划"十"字，两边都加入少许料酒腌制后，用热水汆烫。

2 南瓜煮熟后，压成泥，倒入锅内加水烧开，加水淀粉勾芡，做成南瓜汤。

3 锅中放油，加热爆香蒜泥，先后加入适量蚝油和清水，烧开，将裙边和扇贝倒入锅中，烧至入味后捞出，加入粉丝煮开。

4 捞出粉丝，放入盘中，加入裙边，倒入南瓜汤，最后加扇贝即可。

黄瓜腰果炒牛肉

材料 牛肉 100 克，腰果 20 克，黄瓜 80 克，洋葱 30 克。

调料 酱油、姜汁、蒜末、植物油各适量，盐 1 克。

做法

1 牛肉洗净，切丁，用酱油、姜汁抓匀，腌渍 30 分钟。黄瓜、洋葱洗净，切丁。

2 锅内倒油烧热，炒香蒜末，放入牛肉丁翻炒，放入洋葱丁、黄瓜丁煸炒，倒入腰果，加盐调味即可。

营养师点评

这道菜含有锌、铁和优质蛋白质，可以促进骨骼生长，预防贫血。

补血
开胃

DHA 提高宝宝智力的"脑黄金"

DHA 是二十二碳六烯酸的缩写，是人类大脑发育必需的不饱和脂肪酸之一，也是视网膜和大脑的重要构成成分（在人体大脑皮层中含量占比高达 20%，在视网膜中所占比例高达 50%），对智力和视力的发育有重要影响。

对宝宝的好处

DHA 可以维持宝宝体内的血液流畅，改善不良情绪，使宝宝精神充足。对宝宝眼睛、大脑的发育，以及学习能力、记忆力的提高都有很好的辅助作用。

营养素缺乏症状自测

- 智力发育受阻，出现智力障碍。
- 生长发育迟缓。
- 皮肤异常。
- 视力下降，严重的甚至出现失明。
- 食欲不振并伴有疲乏、腹泻等症状。

黄金搭档

补充 DHA 的同时，宜吃些富含花生四烯酸（ARA）、叶酸、钙、叶黄素的食物，和前三者搭配食用能够合理补充营养，叶黄素则可以放缓 DHA 在体内的分解速度，同时有助于宝宝的智力发育。

适宜摄入量

0~3 岁婴幼儿每日 DHA 摄入量宜达 100 毫克，相当于 10 克三文鱼中 DHA 的量。

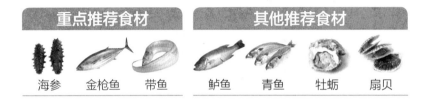

重点推荐食材			其他推荐食材			
海参	金枪鱼	带鱼	鲈鱼	青鱼	牡蛎	扇贝

吃饭香长得壮宝宝餐

海参蛋汤

材料) 海参150克，红枣20克，鹌鹑蛋6个。

调料) 盐2克。

做法)

1 海参预先用水发透，去内脏、内壁膜，用水洗净备用。鹌鹑蛋先放入锅中，加清水煮熟，捞出，过凉，剥壳备用。红枣洗净，去核。

2 将以上所有食材放入瓦煲中，加入适量清水，中火煲1小时，加入少许盐调味即可。

营养师点评

海参具有高蛋白、低脂肪的特点，可促进宝宝脑部生长发育，增强免疫力。

提高宝宝免疫力

促进智力发育

清蒸带鱼

材料) 宽带鱼1条。

调料) 料酒10克，盐2克。

做法)

1 带鱼去头、尾、鳃和肠杂后洗净，切段。

2 带鱼段加盐拌匀，加入料酒，再涂满花生油，放入盘中，上锅蒸20分钟即可。

营养师点评

带鱼富含不饱和脂肪酸、卵磷脂、蛋白质等，对提高宝宝智力、促进大脑发育有很大作用，还可以使宝宝皮肤有弹性，头发黑亮。

香煎三文鱼

材料 三文鱼 200 克，熟黑芝麻少许。

调料 酱油 3 克，料酒、植物油各适量，葱花少许。

做法

1 三文鱼洗净，切片，用料酒、酱油腌渍 30 分钟。
2 平底锅刷少许油，将腌渍好的三文鱼片放入锅中煎至两面金黄，撒上熟黑芝麻、葱花即可。

营养师点评

三文鱼富含卵磷脂、ω-3 脂肪酸，可促进大脑发育。

补血
健脑

小黄花鱼豆腐汤

材料 小黄花鱼 150 克，豆腐 70 克。

调料 葱花、姜片、盐、植物油各适量。

做法

1 小黄花鱼去鳞、内脏，洗净。豆腐洗净，切块，焯水，捞出。

2 锅内倒油烧热，爆香葱花、姜片，放入小黄花鱼略煎，倒入适量清水，放入豆腐块焖煮 15 分钟，调入盐即可。

营养师点评

小黄花鱼肉质鲜嫩，富含磷脂、蛋白质，搭配富含钙和蛋白质的豆腐，有助于促进骨骼发育和大脑发育。需要注意的是，给宝宝喂饭时，一定要挑净鱼刺。

补钙
强体

卵磷脂 让宝宝更聪明

卵磷脂与蛋白质、维生素被合称为三大营养素，是生命的物质基础，每个细胞中都有它的身影，尤其在神经系统、血液循环系统、免疫系统及内脏中更为集中，可以起到滋养、保护作用。

对宝宝的好处

卵磷脂是肝脏的保护伞，可以防止宝宝肝脏受到损害，还可以促进大脑发育，增强宝宝记忆力，让宝宝更聪明。同时，作为血液的"清道夫"，它还能清除、分解血管中堆积的废物，如胆固醇等。

营养素缺乏症状自测

- 注意力分散。
- 记忆力下降。
- 免疫力降低。
- 反应迟钝，理解力下降。
- 生长发育缓慢。
- 智力下降。
- 毛发稀疏，牙齿发育不良。

黄金搭档

富含卵磷脂的大豆和富含二十碳五烯酸（EPA）、DHA的鱼油搭配食用，能够促进宝宝血液循环和大脑发育，增强宝宝的记忆力和理解能力。对宝宝的心脏、肝脏及血管的健康，都能起到积极的保护作用。

适宜摄入量

一般来说，如果宝宝饮食均衡，就不必担心缺乏卵磷脂，也不需要额外补充含卵磷脂的营养品。已添加辅食的宝宝可以从鸡蛋黄等食物中摄取身体所需的卵磷脂。

重点推荐食材

大豆　　动物肝脏　　蛋黄

其他推荐食材

红肉　　鱼　　花生油

紫菜鸡蛋粥

材料 大米 30 克,鸡蛋 1 个,紫菜 3 克。

调料 熟芝麻、香油少许。

做法

1 大米洗净,浸泡 30 分钟后沥干水。鸡蛋取蛋黄,搅散。紫菜用剪刀剪成细丝。

2 煎锅中放香油,烧热后放入大米,炒至透明。

3 加入适量水,大火熬煮成粥,放入蛋黄液搅散,放入紫菜丝和熟芝麻煮熟即可。

营养师点评

鸡蛋和紫菜都富含卵磷脂及 DHA,有利于宝宝大脑和智力的发育。

健脑益智

清热化湿增强食欲

香椿豆腐

材料 香椿芽 20 克,豆腐 50 克,肉末 10 克。

调料 大豆油、盐、米酒各适量。

做法

1 香椿芽洗净,切碎。豆腐冲洗后压成豆腐泥。

2 锅内倒油烧热,下入香椿芽,爆香后下入肉末,然后放入豆腐,加入米酒,翻炒 3 分钟左右,加盐调味即可。

营养师点评

香椿能清热化湿,豆腐佐食,可以祛除肠胃湿热,增强宝宝食欲。

三彩豆腐羹

材料 豆腐、油菜、南瓜、土豆各 50 克。

做法

1 油菜择洗干净，焯熟，切碎。

2 南瓜洗净后去皮及瓤，切块。土豆洗净，去皮切块，和南瓜块一起放入蒸锅蒸熟，取出后分别捣成泥。

3 豆腐用清水冲一下，放入沸水中煮 10 分钟，捞出沥水，用研磨器压成泥，放入油菜碎、南瓜泥、土豆泥拌匀即可。

营养师点评

豆腐中的卵磷脂和蛋白质能为孩子大脑和神经发育提供营养，含有的钙有利于孩子骨骼发育。

开胃
健脾

芝麻肝

材料 猪肝 100 克，鸡蛋 1 个，熟黑芝麻 20 克，面粉 10 克。

调料 姜末、盐、植物油各少许。

做法

1 鸡蛋打散，搅拌均匀。猪肝洗净，切小薄片，加盐、姜末腌渍 10 分钟，蘸面粉、鸡蛋液和熟黑芝麻。

2 锅内倒油烧热，放入猪肝片熘炒至熟即可。

营养师点评

猪肝可以提供铁和维生素 B 族，有助于补血。鸡蛋中的卵磷脂有利于孩子大脑发育，提高记忆力，再搭配钙含量丰富的芝麻，可助力孩子长高益智。

补血
益智

丝瓜炒鸡蛋

材料 丝瓜150克，鸡蛋1个。

调料 盐1克。

做法

1. 丝瓜去皮，洗净，切滚刀块。鸡蛋打散。

2. 锅内倒油烧至六成热，倒入鸡蛋液，炒成鸡蛋块，盛出。

3. 锅底留油，放入丝瓜块翻炒，加少许水，炒至丝瓜块呈透明状，倒入鸡蛋块、盐，翻炒均匀即可。

营养师点评

丝瓜中含有胡萝卜素和膳食纤维，搭配卵磷脂和蛋白质含量丰富的鸡蛋，不仅可以促进孩子大脑发育，还有利于肌肉生长。

促进大脑
发育

中国宝宝不易缺乏的营养素

　　宝宝的生长和发育离不开营养素的摄入，但这并不代表妈妈们可以肆意地给宝宝补充营养。科学合理的营养补充，可以帮助宝宝健康地成长。营养缺乏对宝宝健康不利，这是人人皆知的，但若宝宝营养过剩，同样也会对宝宝健康产生负面的影响。所以，妈妈们在给宝宝补充营养时要注意噢！根据相关调查研究，以下几种营养素在我国宝宝体内不易缺乏。

磷

　　目前我国磷的人均摄入量高出"建议摄入量"350毫克以上，磷的摄入量超标严重。

日推荐摄入量

年（月）龄	摄入量
0 ~ 6个月	100毫克
6个月 ~ 1岁	180毫克
1 ~ 3岁	300毫克

磷过量的危害

　　引起钙流失，导致骨骼、牙齿等发育受阻。

如何预防磷摄入过量

　　少给宝宝吃禽肉类食物，里面含有的磷较多。蔬菜、水果应适当多让宝宝吃，注意饮食均衡。

铜

　　成人每日铜的推荐摄入量为0.8毫克，而我国人均的铜摄入量为每日2.4毫克。日常生活中，铜缺乏的例子少之又少，相反，铜中毒却屡见不鲜。

日推荐摄入量

年（月）龄	摄入量
0 ~ 6个月	0.3毫克
6个月 ~ 1岁	0.3毫克
1 ~ 3岁	0.3毫克

铜过量的危害

　　铜中毒时，宝宝可发生溶血，同时血红蛋白水平降低，引起肝豆状核变性等疾病。

如何预防铜摄入过量

　　不要过量食用富含铜的食物，如坚果类（尤其是腰果、葵花子）、动物肝脏及牡蛎等。

维生素 B$_{12}$

研究表明，维生素 B$_{12}$ 在人体肝脏内的存储可以满足 3 ～ 6 年的需求，我国婴儿很少有维生素 B$_{12}$ 缺乏的情况，因此不须额外补充。

日推荐摄入量

年（月）龄	摄入量
0 ～ 6 个月	0.3 毫克
6 个月 ～ 1 岁	0.6 毫克
1 ～ 3 岁	1 毫克

维生素 B$_{12}$ 过量的危害

导致宝宝出现腹泻，加重肝脏负担，严重的可能出现心悸、心前区疼痛等症。

如何预防维生素 B$_{12}$ 摄入过量

我国宝宝一般不缺乏维生素 B$_{12}$，因而不需要大量给宝宝补充。

维生素 E

调查数据显示，我国婴儿维生素 E 摄入量超出"建议摄入量"的 2 倍，因此不需要再给宝宝额外补充。

日推荐摄入量

年（月）龄	摄入量
0 ～ 6 个月	3 毫克
6 个月 ～ 1 岁	4 毫克
1 ～ 3 岁	6 毫克

维生素 E 过量的危害

导致宝宝维生素 A 的缺乏。

如何预防维生素 E 摄入过量

不要额外给宝宝增加维生素 E 的摄入即可。

泛酸

泛酸食物来源丰富，宝宝可以从食物中摄入足够的泛酸，我国宝宝体内一般不缺乏泛酸。

日推荐摄入量

年（月）龄	摄入量
0 ～ 6 个月	1.7 毫克
6 个月 ～ 1 岁	1.9 毫克
1 ～ 3 岁	2.1 毫克

泛酸过量的危害

腹泻、水潴留，增加肝脏负担，较严重的可能出现神经炎，表现为站立不稳、肢端皮肤苍白等。

如何预防泛酸摄入过量

不要额外给宝宝补充泛酸。

第三章

0～3岁宝宝
成长优质食材

猪肝 促进宝宝生长发育

性凉　性热　☑性平　☑酸性　碱性

营养标签

　　猪肝含有丰富的营养物质，还有养生的功能，对于婴幼儿来说，是非常理想的营养食物。猪肝中含量较为丰富的营养物质有蛋白质、维生素类（维生素 A、维生素 B 族、维生素 C），以及钙、铁、硒等矿物质。其中，维生素 A 的含量远高于其他类食品，如蛋类、奶类、鱼肉等，能为宝宝的生长发育提供很好的基础，保护宝宝的眼睛，预防视力异常，还能使宝宝拥有健康的肤色。

优势营养素含量

营养成分	每 100 克可食部分含量
蛋白质	19.2 克
脂肪	4.7 克
维生素 A	6502 微克
维生素 C	20 毫克
维生素 B$_1$	0.22 毫克
铁	23.2 毫克

注：数据来源于《中国食物成分表：标准版》（第6版），后同。

多大的宝宝可以吃

　　8 个月以上的宝宝可以食用。

这样吃营养好吸收

1　猪肝要现切现做，新鲜的猪肝切后若放置时间长胆汁会流出，不仅损失营养，而且炒熟后有许多颗粒凝结在猪肝上，影响外观和口感。

2　将猪肝用水煮熟后剁泥，不加任何调味品，给宝宝食用，量尽量少一些，不要吃太多，每周一次即可。

经典搭配

猪肝 + 菠菜	✔	预防贫血
猪肝 + 豆腐	✔	降低胆固醇含量
猪肝 + 豆芽	✔	排出毒素
猪肝 + 苋菜	✔	提高免疫力

食用宜忌

1　猪肝中的胆固醇含量较高，加之宝宝脾胃功能不健全，应避免过量食用。

2　猪肝不能与鱼肉搭配食用，否则容易伤神。

鲜茄肝扒

材料 猪肝 50 克，茄子 150 克，番茄 1 个，面粉 25 克。

调料 生抽、盐、白糖、水淀粉、大豆油各适量。

做法

1 猪肝洗净，去筋、膜，用生抽、盐、白糖拌匀，腌渍 10 分钟，去水，切碎。

2 茄子洗净，切块，煮软，压成泥，与猪肝粒、面粉拌成糊，捏成厚块，放入油锅中煎至两面金黄。

3 番茄洗净，用开水烫一下，去皮，切块，放入油锅中略炒，用水淀粉勾芡，淋在肝扒上即可。

预防贫血
调理胃肠

猪肝白菜汤

材料 猪肝 50 克，白菜叶 30 克。

调料 姜、葱、盐、花生油、湿淀粉各适量。

做法

1 白菜叶洗净。姜、葱取汁。猪肝洗净，切片，加盐、葱姜汁、湿淀粉抓匀上浆。

2 锅置火上，倒适量油烧热，加入白菜叶及少量盐翻炒，然后加清水烧开，放入猪肝煮熟，加盐调味即可。

营养师点评

猪肝富含铁，有补血养血、补肝明目的效果。可以预防宝宝贫血，同时令眼睛更加明亮。

补血
明目

猪肝菠菜汤

材料 猪肝 40 克，菠菜 100 克，枸杞子 5 克。

调料 盐、葱花、姜片、植物油各适量。

做法

1 猪肝洗净，切片，加姜片、油、盐腌渍 20 分钟。菠菜洗净切段，焯烫后捞出。

2 锅内倒油烧热，炒香葱花，放入猪肝片炒至变色，加入适量开水，放入枸杞子。

3 待水开后，加入菠菜段煮软即可。

营养师点评

富含铁和维生素 A 的猪肝搭配富含维生素 C、叶酸的菠菜，能补血补铁，促进生长发育。

促进
身体发育

猪肝胡萝卜粥

材料 大米 30 克，猪肝、胡萝卜各 50 克。

调料 盐少许，香油适量。

做法

1 大米淘洗干净。猪肝去净筋膜，洗净，切片。胡萝卜洗净，切丁。

2 锅置火上，放入大米和适量清水煮至米粒熟软，加入猪肝片和胡萝卜丁煮熟，加盐调味，淋上香油即可。

营养师点评

胡萝卜含胡萝卜素，在体内可转化为维生素 A，搭配富含维生素 A、铁的猪肝，能预防因维生素 A 缺乏而导致的骨骼生长迟缓，还能补铁补血、维护视力健康。

补血
明目

牛肉

强壮宝宝身体的优良食材

性凉　性热　☑性平　☑酸性　碱性

营养标签

作为一种高蛋白食物，牛肉脂肪含量低，蛋白质含量比猪肉丰富，包含所有人体必需的氨基酸，而且必需氨基酸的比例和人体所需的比例几乎一致，对强壮宝宝骨骼、促进宝宝健康成长有非常积极的作用。牛肉中还含有能提高宝宝智力的亚油酸。此外，牛肉中的铁、锌、磷、维生素 A、维生素 B_1、维生素 B_6、维生素 B_{12} 含量也较高，所以对宝宝有较好的补血作用。

优势营养素含量

营养成分	每 100 克可食部分含量
蛋白质	20 克
脂肪	8.7 克
碳水化合物	0.5 克
维生素 B_1	0.04 毫克
维生素 B_2	0.11 毫克
硒	3.15 毫克

多大的宝宝可以吃

6 个月以上的宝宝可以常喂一些牛肉，但应避免在春季让宝宝吃过多的牛肉，因为春季宝宝的消化能力较弱，不利于消化和吸收。天气较冷或宝宝活动量大时可以给宝宝吃些牛肉。

这样吃营养好吸收

将牛肉切小块或剁成肉末，炖煮软烂后给宝宝吃，不仅鲜美可口，而且营养流失少，适合宝宝食用。

经典搭配

牛肉 + 萝卜	✓	利脏器、益气血
牛肉 + 土豆	✓	避免蛋白质被破坏、热量充足
牛肉 + 青椒	✓	促进铁吸收

食用宜忌

1　牛肉性温，可以暖胃，因此适合气血不足、体质较弱的宝宝在冬季食用。

2　患有肝炎、肾炎的宝宝不宜食用，以免加重病情。

西湖牛肉羹

材料 牛肉碎、豆腐、菜心、草菇各适量，鸡蛋1个。

调料 胡椒粉、盐、料酒、水淀粉、香菜、香油各适量。

做法

1 牛肉碎用热水焯一下，捞出沥干。豆腐、菜心、草菇切小丁。鸡蛋取蛋清，打匀。

2 锅内放水，加入备好的材料。

3 大火煮开，放入胡椒粉、盐、料酒，倒入少量水淀粉勾芡。

4 加入蛋清，迅速搅拌，使蛋清呈飞絮状，撒入香菜叶，滴入香油即可。

提高
食欲

补脾利胃
养心安神

滑蛋牛肉粥

材料 鸡蛋1个，嫩牛肉60克，大米100克。

调料 高汤500毫升，水淀粉15克，盐2克。

做法

1 牛肉洗净，切片，用盐、水淀粉腌渍10分钟。鸡蛋打散。大米洗净，浸泡30分钟。

2 锅置火上，放入高汤、大米，大火煮沸后转小火，熬煮25分钟，加入牛肉片，煮沸后淋入蛋液，顺时针搅开即可。

营养师点评

牛肉味甘，性平，具有补脾利胃、益气养血的功效。鸡蛋能养心安神、滋阴补血。

彩椒炒牛肉

材料 牛肉 100 克，青椒、红椒各 50 克。

调料 姜丝、姜片各 3 克，盐 1 克，植物油适量。

做法

1 牛肉洗净，切片。青椒、红椒洗净，切条。

2 锅内倒油烧热，放入姜丝、姜片爆香，放入牛肉片炒至变色，加入青椒条、红椒条翻炒至熟，加盐调味即可。

营养师点评

牛肉富含铁、锌、蛋白质，彩椒富含维生素 C。二者搭配能促进肠道对铁的吸收，预防和调理贫血。

补血
强体

咖喱土豆牛肉

材料 牛肉 300 克，土豆、胡萝卜、牛奶各 100 克，洋葱 50 克。

调料 黄油 5 克，咖喱膏 10 克，蒜末、姜末、盐各适量。

做法

1 牛肉洗净，切块。土豆、胡萝卜去皮，洗净，切块。洋葱洗净，切块。

2 锅置火上，放入黄油烧化，炒香蒜末、姜末，加入牛肉块、洋葱块略炒。

3 加入胡萝卜块、土豆块、咖喱膏、牛奶，倒入适量水没过食材，大火煮开后改小火收汁，加盐调味即可。

营养师点评

牛肉可以提供优质蛋白质、锌和维生素 B_6，搭配富含钾的土豆和洋葱、富含胡萝卜素的胡萝卜，营养丰富，有助于调节免疫力。

开胃
健脾

猪肉 消化功能不好宝宝的肉类选择

性凉　性热　☑性平　☑酸性　碱性

营养标签

猪肉可以提供优质蛋白质、人体必需的所有种类氨基酸、维生素 B 族、维生素 D 及矿物质等。猪肉纤维细软，质感好，很适合消化功能不好的宝宝食用，而且猪肉能促进铁的吸收，改善贫血症状。值得注意的是，宝宝吃猪肉要适量，以免导致肥胖。

优势营养素含量

营养成分	每 100 克可食部分含量
蛋白质	15.1 克
脂肪	30.1 克
维生素 A	15 微克
维生素 B_1	0.3 毫克
维生素 B_2	0.13 毫克
钾	218 毫克

多大的宝宝可以吃

5 个月以上的宝宝可以食用，可选择蒸、煮、焖、煲的烹饪方法。1~2 岁的宝宝每天吃 50 克猪肉即可。

这样吃营养好吸收

猪肉剁成肉馅最易于宝宝消化吸收，适合用蒸、煮、焖、煲的烹调方法做给宝宝吃。

经典搭配

猪肉 + 大蒜	✓	促进血液循环
猪肉 + 萝卜	✓	健脾消食
猪肉 + 莲藕	✓	补中、养神、益气
猪肉 + 黄瓜	✓	清热解毒、滋阴润燥

食用宜忌

1　吃猪肉时，不宜和豆类搭配，否则容易导致宝宝腹胀。

2　猪肉不宜与鲫鱼同食，避免引起宝宝眉毛脱落，甚至伤及肠胃。

菠菜瘦肉粥

材料 菠菜 50 克，猪肉 60 克，白粥 1 小碗。

调料 香油少许。

做法

1 菠菜洗净，焯水，切成小段。猪肉洗净，切小片。

2 待锅内白粥煮开后，放入猪肉，稍煮至变色，加菠菜，煮熟后滴入香油，煮开即可。

营养师点评

猪肉能提供丰富的蛋白质，菠菜富含维生素和纤维素，两者一起搭配煮粥，能促进宝宝消化，还能增加营养吸收。

促进
生长发育

改善肠胃
预防贫血

莲藕猪肉粥

材料 猪肉 50 克，莲藕 1 节，大米 50 克。

调料 淀粉、食盐、香油各适量。

做法

1 莲藕洗净，去皮，切丁。猪肉切粒，用淀粉、盐拌匀。

2 大米洗净，加水大火煮开，倒入莲藕丁，再煮开，换小火煮 20 分钟。

3 加少许盐，倒入猪肉粒，大火煮沸，待煮熟后，加入香油调味即可。

营养师点评

此粥可改善肠胃功能，滋阴润燥，预防贫血。

猪肉丸子

材料 猪肉 300 克。

调料 姜末、葱末各 10 克，蚝油 5 克，十三香 2 克。

做法

1 猪肉洗净，剁成末，加葱末、姜末、蚝油、十三香搅拌均匀，用手把肉馅团成肉丸。

2 锅置火上，倒入适量清水烧开，放入肉丸煮熟即可。

营养师点评

猪肉剁成末，有利于消化吸收，加入葱、姜等，能提高食欲、暖胃祛寒、助力成长。

开胃
强体

猪肉白菜炖粉条

材料 猪肉 100 克，粉条 50 克，大白菜 200 克。

调料 葱花、姜末、蒜末各 10 克，生抽 5 克，盐 2 克，植物油适量。

做法

1 猪肉洗净，切小块。大白菜洗净，切条。粉条冲洗，泡软。

2 锅内倒油烧热，炒香姜末、蒜末，放入猪肉块煸炒，再放入大白菜条炒软，加生抽、适量清水烧开，放入粉条煮熟，加盐调味，撒上葱花即可。

营养师点评

猪肉可以提供丰富的铁，搭配富含维生素 C 和膳食纤维的大白菜，有助于铁吸收和胃肠道蠕动，补血又促排便。

缓解
便秘

鸡蛋 价格低廉的婴幼儿营养库

性凉　性热　☑性平　☑酸性　碱性

营养标签

　　鸡蛋含有丰富的、易被宝宝身体吸收的卵黄磷蛋白、不饱和脂肪酸，以及钾、钠、镁、磷等矿物质，还含有维生素 A、维生素 B₂、维生素 B₆、维生素 D、维生素 E 等营养物质，能为宝宝补充全面的营养，堪称价格低廉的婴幼儿营养库。鸡蛋黄中富含卵磷脂和 DHA，这两种物质能促进宝宝脑部的发育，有增强记忆力、健脑益智的功效。

优势营养素含量

营养成分	每 100 克可食部分含量
蛋白质	13.1 克
脂肪	8.6 克
维生素 A	255 微克
维生素 B₁	0.09 毫克
维生素 B₂	0.2 毫克
维生素 E	1.14 毫克

多大的宝宝可以吃

　　添加鸡蛋的最佳时机一般在出生后 4~6月。7~12 月大的宝宝每天至少吃 1 个蛋黄，1~3 岁的宝宝每天吃 1 个鸡蛋。

这样吃营养好吸收

1　将鸡蛋做成蒸蛋羹或蛋花汤更有利于宝宝消化吸收。

2　给宝宝吃的煮鸡蛋不宜煮得过老，以免鸡蛋中的蛋白质过度凝结，不利于宝宝消化吸收。

3　宝宝能吃全蛋以后最好让宝宝吃全蛋。蛋白和蛋黄搭配食用，更能给宝宝补充全面的营养。

经典搭配

鸡蛋 + 番茄	✓	保护心血管
鸡蛋 + 菠菜	✓	有利于维生素 B₁₂ 的吸收
鸡蛋 + 韭菜	✓	补肾、行气、止痛
鸡蛋 + 木耳	✓	强健骨骼

食用宜忌

1　有过敏症状的宝宝需长至 8 个月后才能吃鸡蛋。

2　宝宝发热时不宜吃鸡蛋，因为蛋白会产生额外的热量，加重宝宝发热，不利于宝宝康复。

蛋黄汤

材料 鸡蛋 2 个。

调料 高汤 300 毫升，盐少许。

做法

1 汤锅中加高汤大火煮开。

2 将鸡蛋磕入碗中，用勺子将蛋黄取出，放入另外的器皿中搅拌均匀。

3 将搅匀的蛋黄液倒入沸腾的高汤中，加盐调味即可。

营养师点评

鸡蛋黄中富含卵磷脂和 DHA，这两种物质能促进宝宝脑部的发育，提高记忆力。

健脑益智
提高记忆力

香菇胡萝卜炒鸡蛋

材料 鲜香菇、胡萝卜各 50 克，鸡蛋 1 个。

调料 葱段 10 克，盐、植物油各适量。

做法

1 鲜香菇去蒂，洗净，切片，焯水。胡萝卜洗净，切片。鸡蛋打散，炒熟盛出备用。

2 锅内倒油烧热，炒香葱段，放入胡萝卜片翻炒至熟，放入香菇片翻炒 2 分钟，倒入鸡蛋液，加盐调味即可。

营养师点评

这道菜含钾、胡萝卜素、卵磷脂、膳食纤维等，能促进大脑发育，保护视力。

促进
发育

蛤蜊蒸蛋

材料 蛤蜊肉 100 克，虾仁、鲜香菇各 50 克，鸡蛋 1 个。

调料 盐适量。

做法

1 香菇洗净，焯熟，切碎。虾仁、蛤蜊肉洗净，切碎。鸡蛋磕开，搅匀成蛋液。

2 鸡蛋液中加入蛤蜊碎、虾仁碎、香菇碎，搅拌均匀，盖上保鲜膜，用牙签扎几个透气孔。

3 蒸锅中加水，水开后将鸡蛋液入蒸锅，隔水蒸 15 分钟即可。

营养师点评

蛤蜊富含钙、锌，搭配富含维生素 D、卵磷脂的鸡蛋，能促进儿童生长发育，还能帮助调节免疫力。

调节
免疫力

洋葱 防感冒、促生长

性凉　性热　☑性平　酸性　☑碱性

营养标签

在国外，洋葱被誉为"菜中皇后"，可见其营养价值之高。它含有人体必需的维生素和矿物质，其中微量元素硒在洋葱中的含量很高。硒是很强的抗氧化剂，能增强细胞活力、提高代谢能力，因此正在快速生长发育的宝宝尤其适宜食用。另外，洋葱中含有大蒜素，能杀菌消炎，可以帮助宝宝预防感冒。近年来，科学家研究发现，常吃洋葱能提高骨密度，有助于促进宝宝骨骼生长。

优势营养素含量

营养成分	每 100 克可食部分含量
蛋白质	1.1 克
脂肪	0.2 克
碳水化合物	9 克
膳食纤维	0.9 克
胡萝卜素	20 微克
维生素 B$_2$	0.03 毫克

多大的宝宝可以吃

由于洋葱的味道较大，更适合 10 个月以上的宝宝食用。熟洋葱带点甜味，可以作为宝宝的断奶食材之一。

这样吃营养好吸收

1 当宝宝已经能够顺畅地消化辅食后，可将烹熟的洋葱与已适应的辅食混合起来，这样营养更充足，更完善。

2 由于洋葱的营养物质大多保存在外层中，因此在吃洋葱时，千万不能丢掉洋葱外面的几层。

经典搭配

洋葱 + 苦瓜	✓	提高机体免疫力
洋葱 + 苹果	✓	保护心脏
洋葱 + 鸡蛋	✓	促进维生素 C 的吸收
洋葱 + 玉米	✓	生津止渴

食用宜忌

1 宝宝吃洋葱不可过量，否则会造成胀气或排气过多。

2 晚餐时不宜给宝宝吃洋葱，以免影响睡眠。

3 1 岁之前的宝宝最好吃熟的洋葱，1 岁以后可以适当吃一些生的洋葱，发挥其杀菌效果。

茄葱胡萝卜汤

材料 番茄、洋葱各 1/2 个，胡萝卜 50 克。

调料 植物油、盐、胡椒粉各适量。

做法

1 材料分别洗净，切碎末。

2 锅烧热，倒入适量油，油热后炒香洋葱末，加入番茄末和胡萝卜末，翻炒均匀。

3 锅中加水，盖好盖，中火煮 8 分钟，加适量盐，撒少量胡椒粉即可。

营养师点评

洋葱中钙含量较丰富，番茄中维生素 C、胡萝卜素含量丰富，两者一起煮汤，能清热生津、清润开胃。

保护眼睛

增强免疫力

洋葱炒肉丝

材料 洋葱 200 克，猪瘦肉 50 克。

调料 葱末、蒜末各 5 克，酱油、料酒、盐、植物油各适量。

做法

1 洋葱去皮，洗净，切片。猪瘦肉洗净，切丝，用酱油、料酒腌渍 10 分钟。

2 锅内倒油烧至七成热，爆香葱末、蒜末，滑入肉片迅速炒散，至变色后加入洋葱片翻炒，直到炒出香味，加盐调味即可。

营养师点评

这道菜荤素搭配，富含蛋白质、铁，能提高孩子抗病力，预防缺铁性贫血。

洋葱炒鸡蛋

材料 鸡蛋1个，洋葱200克。

调料 盐2克，姜片适量。

做法

1 鸡蛋打散，炒熟后盛出。洋葱洗净，切片。

2 锅内倒油烧热，加姜片爆香，倒入洋葱片翻炒，倒入鸡蛋略炒，加盐调味即可。

营养师点评

这道菜含有优质蛋白质、卵磷脂、钙、钾等营养物质，有助于提高记忆力，还能为骨骼生长提供原料。

促进
发育

罗宋汤

材料 牛腩 200 克，番茄、胡萝卜、红薯、洋葱各 50 克，圆白菜 30 克。

调料 盐 1 克，番茄酱、黑胡椒粉、植物油各适量。

做法

1 牛腩洗净，切块，冷水入锅，焯水。胡萝卜、洋葱、番茄分别洗净，切块。圆白菜洗净，切片。红薯洗净，去皮，切块。

2 锅内倒油烧热，放入洋葱块、牛腩块、胡萝卜块、番茄块煸炒至软，加适量清水大火烧开，转中火炖 40 分钟。

3 放入红薯块、圆白菜片炖 10 分钟，加入番茄酱、盐、黑胡椒粉调味即可。

营养师点评

牛肉富含铁、锌，搭配富含番茄红素的番茄，富含膳食纤维的洋葱、红薯，能助力长高、缓解便秘。

开胃
健脾

菠菜 补铁的优质蔬菜

性凉　性热　☑性平　酸性　☑碱性

营养标签

菠菜的营养价值在绿叶蔬菜中名列前茅，所含的丰富维生素、叶绿素及抗氧化剂等物质，能为脑细胞代谢提供最佳的营养补充。菠菜中含有维生素 B_6、维生素 K、叶酸、钾、膳食纤维等营养物质，因而食用菠菜可增强宝宝的免疫功能，减少发病机会，还能缓解宝宝便秘，促进消化和吸收，对宝宝的生长发育十分有益。

优势营养素含量

营养成分	每 100 克可食部分含量
蛋白质	2.6 克
维生素 C	32 毫克
胡萝卜素	2920 微克
铁	2.9 毫克
镁	58 毫克
钾	311 毫克

多大的宝宝可以吃

刚添加辅食的宝宝可以喝一些菠菜叶汤汁。稍大一些的宝宝可以吃一些菠菜泥，1 岁以上的宝宝就可以吃煮烂的菠菜叶子了。

这样吃营养好吸收

吃菠菜前先煮一下，能去除草酸盐，但不要烫太久，防止营养素流失过多。

经典搭配

菠菜 + 胡萝卜	✓	促进维生素 A 的生成
菠菜 + 花生	✓	利于维生素的吸收
菠菜 + 茄子	✓	促进血液循环
菠菜 + 鸡蛋	✓	预防贫血

食用宜忌

1　菠菜含较多草酸，有碍宝宝身体对钙的吸收，所以给宝宝烹调菠菜时宜先用沸水烫软，捞出再炒，这样可降低草酸含量。

2　宝宝不宜长时间吃菠菜，应隔几天吃一次，以免宝宝出现腹泻等症状。

3　用菠菜做汤时不要直接放未焯过的菠菜。

吃饭香长得壮宝宝餐

乌龙面蒸鸡蛋

材料 乌龙面50克，菠菜20克，鲜香菇10克，胡萝卜10克，鸡蛋1个。

调料 高汤、盐各适量。

做法

1 乌龙面用热水烫过，剥散后切成五六厘米长的小段。菠菜洗净，煮熟，挤干水分。香菇洗净，去蒂，切碎。胡萝卜洗净，切碎。

2 鸡蛋打散，加入高汤和盐搅拌均匀。

3 将乌龙面、香菇、菠菜、胡萝卜放入容器中，然后将搅匀的蛋汁也倒入容器中，再用蒸笼蒸约10分钟即可。

清热生津
开胃消炎

提高
宝宝食欲

豆腐菠菜软饭

材料 大米50克，豆腐30克，菠菜25克，排骨汤适量。

做法

1 大米洗净，放入碗中，加适量水，放入蒸屉蒸成软饭。

2 豆腐洗净，放入开水中焯烫一下，捞出控水后切成碎末。菠菜洗净，焯烫，捞出切碎。

3 将软饭放入锅中，加适量排骨汤一起煮烂，放入豆腐末，再煮3分钟左右，起锅前，放入菠菜末烫一下即可。

营养师点评

本品富含铁、钙、蛋白质、碳水化合物等营养素，利于宝宝骨骼的发育，也可预防缺铁性贫血。

鸭丝菠菜面

材料 面粉 100 克，菠菜 50 克，鸭肉、圣女果、小白菜、鲜香菇各 30 克。

调料 盐、植物油各少许。

做法

1 菠菜洗净，焯熟，放入料理机打成糊。鸭肉洗净，切丝，焯熟。圣女果洗净，切碎。小白菜洗净，切碎。鲜香菇洗净，去蒂，焯熟后切碎。

2 将面粉、植物油和菠菜糊搅拌均匀，揉成面团，用保鲜膜覆盖，饧 15 分钟。

3 将饧好的面团擀成薄厚均匀的面片，再切成粗细均匀的面条。

4 另取锅，加适量清水煮沸，下面条、鸭丝、香菇碎，再次煮沸后转小火，放入小白菜碎、圣女果碎煮至面条熟烂即可。

营养师点评

这款面富含优质蛋白质、不饱和脂肪酸、维生素 C 等营养素，对孩子长高益智有益。

健脑
益智

核桃仁拌菠菜

材料 菠菜 100 克，核桃仁 30 克。

调料 香油、醋各 3 克，盐 1 克。

做法

1 菠菜洗净，放入沸水中焯一下，捞出沥干，切段。

2 锅置火上，小火煸炒核桃仁至微黄，取出压碎。

3 将菠菜段和核桃碎放入盘中，加入盐、醋搅拌均匀，淋上香油即可。

营养师点评

菠菜含有叶酸、胡萝卜素、维生素 C、膳食纤维等，搭配含锌、不饱和脂肪酸的核桃，可健脑益智、助力长高。

润肠
通便

南瓜 断奶期的优质辅食

性凉　性热　☑性平　酸性　☑碱性

营养标签

南瓜中含量较高的营养素有维生素 B_1、维生素 B_2、维生素 C 和胡萝卜素，还含有一定量的维生素 E、南瓜多糖，以及铁、锌、磷和钴等。南瓜可以起到健脾、利胃、护肝的作用，可使宝宝皮肤变得细嫩；有助于维护宝宝的正常视力和上皮细胞的健康，提高机体抵抗力，能促进垂体激素的分泌。南瓜可作为宝宝断奶时期的辅食之一。

优势营养素含量

营养成分	每 100 克可食部分含量
蛋白质	0.7 克
膳食纤维	0.8 克
胡萝卜素	890 毫克
维生素 B_2	0.04 毫克
维生素 E	0.36 毫克
维生素 C	8 毫克

多大的宝宝可以吃

对于 4 个月以上的宝宝，可以在辅食中添加南瓜，有利于宝宝对营养物质的吸收，而且南瓜中含有的大量营养物质能促进宝宝的成长。

这样吃营养好吸收

1　将南瓜做成南瓜泥或清淡的南瓜粥给宝宝吃，有助于宝宝的消化吸收。

2　宝宝吃南瓜最好的季节在秋季，南瓜能够增强宝宝免疫力，对改善宝宝秋燥的症状也大有好处。

经典搭配

南瓜 + 红枣	✓	适合体质虚弱的宝宝食用
南瓜 + 红豆	✓	缓解宝宝感冒、胃痛等病症
南瓜 + 牛肉	✓	补脾益气
南瓜 + 绿豆	✓	清热解暑、利尿通淋

食用宜忌

1　给宝宝吃南瓜不要过量，以免宝宝的皮肤变成柠檬黄色。每天不要超过一顿主食的量。

2　给宝宝吃南瓜时，不要搭配红薯，两者同吃易导致气滞，使宝宝出现腹胀、腹痛、吐酸水等症状。

荞麦南瓜粥

材料 荞麦 20 克，南瓜 25 克，大米 30 克。

做法

1 南瓜去皮，去子，洗净，切小丁。荞麦和大米分别淘洗干净。

2 锅置火上，放入荞麦、大米和适量清水，先大火煮沸，再转为小火熬煮，待荞麦和大米七成熟时加入南瓜丁，煮至粥稠、米烂、南瓜熟透时关火即可。

营养师点评

南瓜可以提高宝宝抵抗力，保护视力；荞麦含丰富的磷，对宝宝大脑的发育有很好的作用。

保护宝宝视力

润肺止咳

红枣银耳南瓜羹

材料 红枣 2 颗，银耳 20 克，南瓜 50 克。

调料 冰糖适量。

做法

1 南瓜去皮和子，洗净，切小块。银耳用温水泡发，去蒂，撕成小朵，盐水洗净，泡在清水中。红枣洗净，去核，置于清水中稍泡。

2 锅中放入银耳，加水没过银耳，小火煮 20 分钟。

3 加入红枣、南瓜块和适量冰糖，煮 20 分钟即可。

营养师点评

南瓜可润肺益气、治久咳、止哮喘、利尿美容，银耳能补气和血、增强免疫力。

红枣南瓜发糕

材料 南瓜、面粉各100克，红枣2枚，酵母粉少许，葡萄干适量。

做法

1 南瓜洗净，去皮及瓤，切块，蒸熟，捣成泥，晾凉。红枣洗净，去核，切碎。酵母粉用温水化开并调匀。葡萄干洗净。

2 南瓜泥中加入面粉，倒入酵母水、适量清水揉成面团，放置发酵。

3 面团发至2倍大时，加红枣碎、葡萄干，上锅蒸30分钟，晾凉后切块即可。

营养师点评

红枣南瓜发糕含有膳食纤维、维生素C、胡萝卜素、碳水化合物等，有利于补充体力，保护眼睛。

明目
健体

红豆南瓜银耳羹

材料 水发银耳 80 克，红豆 20 克，南瓜 50 克。

做法

1 水发银耳洗净，切小朵。红豆洗净，浸泡 4 小时。南瓜洗净，去皮及瓤，切小丁。

2 将银耳和红豆放入锅中，加清水稍稍没过食材，盖上盖，大火烧开后转中火煮 1 小时，再放入南瓜丁，煮至南瓜软烂即可。

营养师点评

红豆南瓜银耳羹含有铁、维生素 C、胡萝卜素、膳食纤维等，能促进儿童生长发育、保护视力。

促进
发育

胡萝卜 营养全面的"小人参"

性凉　性热　☑性平　酸性　☑碱性

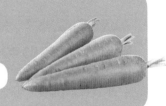

营养标签

　　胡萝卜富含胡萝卜素，对宝宝的骨骼发育能起到很好的促进作用，还可以帮助宝宝增强记忆力，同时转化成维生素 A 后对视力也是有益的。胡萝卜还含有碳水化合物、维生素 B 族、挥发油、胡萝卜碱、钙、钾等物质，在促进生长发育、提高宝宝免疫力方面都有不可忽视的作用。长期处于密封空调环境或城市污染环境中的宝宝，应该多吃一些胡萝卜。

优势营养素含量

营养成分	每 100 克可食部分含量
蛋白质	1 克
脂肪	0.2 克
碳水化合物	8.8 克
胡萝卜素	4130 毫克
钙	32 毫克
钾	190 毫克

多大的宝宝可以吃

　　从出生后 6 个月开始，便可以给宝宝添加胡萝卜泥。较大一些的宝宝可以吃蒸透的胡萝卜。

这样吃营养好吸收

1　可以把胡萝卜切成小丁，放油和少量调味品炒着吃，这样有利于营养吸收。
2　与猪肉、羊肉、牛肉等一起用压力锅炖 15~20 分钟也比较好，这样营养更全面。
3　胡萝卜做熟之后食用，可以保留其所含的纤维素和果胶。

经典搭配

胡萝卜 + 猪肉	✅	促进维生素吸收
胡萝卜 + 山药	✅	适合脾胃虚弱的宝宝食用
胡萝卜 + 玉米	✅	开胃助消化，保护视力
胡萝卜 + 菠菜	✅	通络活血

食用宜忌

1　皮肤干燥、抵抗力差的宝宝应该适当多食胡萝卜。
2　胡萝卜不可过多食用，以免引起高胡萝卜素血症，使宝宝皮肤发黄。

南瓜胡萝卜粥

材料 大米 30 克，老南瓜、胡萝卜各 10 克。

做法

1 大米洗净，浸泡半小时。

2 老南瓜去皮，去子，洗净，切小丁。胡萝卜去皮，洗净，切成小丁。

3 将大米、老南瓜丁、胡萝卜丁倒入锅中大火煮开，再调小火煮熟即可。

营养师点评

胡萝卜含丰富的胡萝卜素，帮助宝宝生长发育；南瓜富含胡萝卜素、锌和糖，易消化吸收，适合宝宝多食。

补锌、促进
生长发育

胡萝卜牛肉馅饼

材料 面粉、胡萝卜各 150 克，牛瘦肉 50 克，洋葱 30 克。

调料 盐 2 克，葱花 10 克，生抽、十三香、香油、植物油各适量。

做法

1 牛瘦肉洗净，切丁。胡萝卜、洋葱洗净，切末。

2 将牛肉丁、胡萝卜末放碗中，加盐、生抽、十三香、香油、葱花和适量清水搅拌均匀，即为馅料。

3 面粉加盐、适量温水和成面团，分成剂子，擀薄，包入馅料，压平，即为馅饼生坯。

4 电饼铛底部刷一层油，放入馅饼生坯，盖上盖，煎至两面金黄即可。

营养师点评

胡萝卜含有丰富的胡萝卜素，与牛肉搭配，可以补充优质蛋白质，还可以促进维生素 A 的吸收和利用。

强身
健体

胡萝卜香菇炒芦笋

材料 芦笋 100 克，胡萝卜 50 克，鲜香菇 20 克。

调料 蒜末 5 克，盐 2 克，油适量。

做法

1 鲜香菇、胡萝卜、芦笋洗净，香菇切片，胡萝卜切细条，焯水，芦笋切段，焯水。

2 锅内倒油烧热，炒香蒜末，加胡萝卜条、香菇片、芦笋段炒熟，加盐即可。

营养师点评

芦笋富含多种维生素，胡萝卜含有丰富的胡萝卜素，香菇含有丰富的维生素D。三者搭配食用，可以促进儿童骨骼、大脑发育。

健脾
开胃

西蓝花 叶酸含量可观的优质蔬菜

性凉　性热　☑性平　酸性　☑碱性

营养标签

西蓝花的营养价值位居同类蔬菜之首，其中的维生素 C、叶酸含量更是惊人，维生素 E 的含量也特别高，可以为宝宝提供丰富的营养物质，应经常给宝宝食用。所含的叶酸除帮助身体制造红细胞外，还参与细胞的分裂。对于成长期的宝宝来说，西蓝花能提供含量可观的叶酸，避免宝宝出现贫血或发育不良。另外，西蓝花还含有维生素 K，可让宝宝在受到小小的碰撞和伤害后，不至于使皮肤变得青一块紫一块。

优势营养素含量

营养成分	每 100 克可食部分含量
蛋白质	3.5 克
脂肪	0.6 克
维生素 C	56 毫克
胡萝卜素	151 微克
钙	50 毫克
维生素 E	0.76 克

多大的宝宝可以吃

5 个月以上的宝宝可以开始吃西蓝花。断奶期的宝宝避免食用西蓝花的茎部，只吃菜花部分即可。

这样吃营养好吸收

西蓝花不要煮得过烂，吃的时候要让宝宝多嚼几次，这样有利于宝宝的消化吸收，还能提高宝宝的咀嚼能力。

经典搭配

西蓝花 + 牛肉	✓	帮助吸收维生素
西蓝花 + 金针菇	✓	增强免疫力、促进生长发育

食用宜忌

1 胃肠功能较弱的宝宝应多食西蓝花，能活化胃黏膜的新陈代谢。

2 西蓝花中含少量易致甲状腺肿的物质，给宝宝食用时可以加碘盐来中和，或者加一些海藻也可。

蔬菜牛奶羹

材料 西蓝花、芥菜各 50 克，配方奶 200 毫升。

做法

1 西蓝花、芥菜分别洗净，切块，放入榨汁机中，加适量水，榨成汁。

2 奶锅中放入配方奶和榨出来的蔬菜汁，混合后大火煮沸即可。

营养师点评

西蓝花含有丰富的维生素 C，食用西蓝花可让宝宝的皮肤富有光泽和弹性，同时还可提高宝宝的免疫力。芥菜含胡萝卜素和大量膳食纤维，常食可明目、宽肠通便；牛奶富含蛋白质、钙及其他营养物质，可促进宝宝骨骼发育。

提高
免疫力

三文鱼西蓝花炒饭

材料 三文鱼 100 克，西蓝花 50 克，米饭 80 克。

材料 盐 1 克，油适量。

做法

1 西蓝花切小朵，洗净，焯水，捞出控干，切碎。三文鱼洗净。

2 锅内倒油烧热，放入三文鱼煎熟，加盐入味，盛出，碾碎。

3 起锅热油，放入西蓝花和三文鱼翻炒，倒入米饭炒散，加盐调味即可。

营养师点评

三文鱼和西蓝花搭配食用，能帮助提高抗病能力，还有利于大脑发育。

健脑
开胃

西蓝花山药炒虾仁

材料 虾仁、西蓝花、山药各100克。

调料 蒜末20克，蚝油5克，油适量。

做法

1 虾仁洗净，去虾线。西蓝花切小朵，洗净，焯水。山药洗净，去皮，切菱形片。

2 锅内倒油烧热，爆香蒜末，放入虾仁翻炒至变色，放入山药片翻炒2分钟，加入西蓝花、蚝油翻炒均匀即可。

营养师点评

虾仁含有优质蛋白质，可以促进脑神经发育，搭配西蓝花、山药同吃，有补钙、开胃的作用。

促进
身体发育

番茄 宝宝的酸甜开胃果

性凉　性热　☑性平　酸性　☑碱性

营养标签

番茄被称为"神奇的菜中水果"，味道鲜美，营养丰富，含有多种维生素和矿物质。其中，番茄红素的含量在所有蔬果中最高，作为强抗氧化剂，它能够帮助人体预防多种癌症。所含的胡萝卜素在人体内能转化为维生素 A，可促进骨骼生长、调理眼睛干涩及某些皮肤病等。番茄还是维生素 C 的最佳来源，经过烹调后的番茄，其中的维生素 C 非常利于人体吸收，常吃可以帮助宝宝预防坏血病。番茄中维生素 P 的含量居蔬菜之首，有软化血管、增强维生素 C 作用的效果。

番茄还能够促使胃液分泌，调节肠胃功能，食欲不振及便秘的宝宝适合经常食用。

优势营养素含量

营养成分	每 100 克可食部分含量
蛋白质	0.9 克
脂肪	0.2 克
碳水化合物	3.3 克
胡萝卜素	375 微克
维生素 B_2	0.01 毫克
钾	179 毫克

多大的宝宝可以吃

10 个月的宝宝适合吃番茄煮的粥，1 岁以后可以吃炒番茄。

这样吃营养好吸收

1　番茄煮熟后给宝宝吃，营养价值更高。
2　给宝宝煮番茄时，可以加入少许的醋，使营养更容易被吸收。

经典搭配

番茄 + 鸡蛋	✓	保护心血管
番茄 + 黄豆	✓	有利于维生素 B_{12} 的吸收
番茄 + 土豆	✓	补肾、行气、止痛
番茄 + 茄子	✓	强健骨骼

食用宜忌

1　妈妈一定要先将番茄的皮去除干净，再做给宝宝吃，防止宝宝被呛到。
2　过敏的宝宝需要慎食。

番茄鳜鱼泥

材料 番茄 50 克，鳜鱼 150 克。

调料 盐 2 克，葱花、姜末各 3 克，白糖 5 克，油适量。

做法

1 番茄洗净，放沸水中烫一下，去皮，切块。鳜鱼洗净，去除内脏、骨和刺，剁成鱼泥。

2 锅置火上，倒适量油烧热，爆香葱花和姜末，再放入番茄煸炒。

3 加适量清水煮沸，加入鳜鱼泥一起烧炖，加盐、白糖调味即可。

营养师点评

鳜鱼富含不饱和脂肪酸，非常有助于宝宝神经系统的发育。

促进神经系统发育

增进食欲

腊肠番茄

材料 番茄 20 克，腊肠 10 克，肉汤少许。

做法

1 将番茄洗净，用热水烫后去皮，切碎。腊肠切碎。

2 锅中放肉汤，下入番茄、腊肠，边煮边搅拌，并用勺子背面将其压成糊即可。

营养师点评

腊肠含有较丰富的蛋白质、脂肪、碳水化合物，能够提高宝宝食欲，开胃助食。

圆白菜炒番茄

材料 圆白菜 150 克，番茄 100 克，青椒 50 克。

调料 蒜片 5 克，十三香、盐、醋各 2 克，油适量。

做法

1 圆白菜洗净，切丝。番茄洗净，切块。青椒洗净，去蒂及籽，切条。

2 锅内倒油烧热，放入蒜片炒香，再放入圆白菜丝、番茄块、青椒条翻炒至熟，加盐、十三香、醋调味即可。

营养师点评

这道菜富含维生素 C，能促进消化，增强食欲，促进儿童长高。烹调时适当加点醋，不但可以使菜脆嫩好吃，而且可以减少维生素 C 的破坏。

增强
食欲

132

番茄肉末意面

材料 番茄 100 克，牛肉 50 克，洋葱 30 克，意大利面 40 克。

调料 盐 1 克，油适量。

做法

1 番茄洗净，去皮，切小块。牛肉洗净，切末。洋葱去老皮，洗净，切碎。

2 将意大利面放入沸水中，加几滴油煮 15 分钟至熟，盛出。

3 平底锅倒油烧热，放入洋葱碎煸香，倒入番茄块和牛肉末翻炒至浓稠，加盐调味，拌入煮好的意大利面即可。

营养师点评

番茄肉末意面可以提供钙、铁、优质蛋白质、番茄红素和碳水化合物等营养物质，有助于补充体力、增强免疫力。

健脾
养胃

黄豆

健脑、保护宝宝心血管

性凉　性热　☑性平　酸性　☑碱性

营养标签

黄豆富含不饱和脂肪酸和大豆磷脂，两者可促进宝宝大脑发育，有健脑的功效。所含的异黄酮是一种植物性雌激素，能保护心血管、稳定情绪、抗癌等。另外，黄豆中含有的氨基酸种类较全面，尤其是赖氨酸的含量丰富，与谷类搭配食用可弥补谷类赖氨酸不足的缺陷，还可起到蛋白质互补的作用。

优势营养素含量

营养成分	每 100 克可食部分含量
蛋白质	35 克
脂肪	16 克
胡萝卜素	220 微克
维生素 B_1	0.41 毫克
镁	199 毫克
钙	191 毫克

多大的宝宝可以吃

可以将黄豆炒熟研粉，加到食物中喂给 8 个月以上的宝宝吃。

这样吃营养好吸收

将黄豆榨成豆浆，或者做成豆腐给宝宝喂食，能够让宝宝更好地吸收黄豆所含的营养物质。

经典搭配

黄豆 + 谷类	✅	蛋白质互补
黄豆 + 玉米	✅	增强胃肠蠕动，助消化
黄豆 + 排骨	✅	补铁，有滋补作用
黄豆 + 枸杞子	✅	益精明目，增强免疫力

食用宜忌

1. 宝宝吃黄豆的量要少，多食易致消化不良、造成腹胀。
2. 不宜给宝宝吃生黄豆或烹调不熟的黄豆，对宝宝的身体健康有害。
3. 黄豆中含有抑制消化酶的成分，给宝宝食用之前一定要进行充分的浸泡和加热。

南瓜黄豆粥

材料 南瓜 80 克，黄豆 15 克，碎米 25 克。

调料 橄榄油、盐各适量。

做法

1 黄豆洗净泡 30 分钟。南瓜洗净，切块。碎米洗净，
  加少许盐和橄榄油，腌 30 分钟以上。

2 取压力锅，加入腌好的碎米、黄豆、南瓜块和适
  量清水，大火煮沸 30 分钟后换小火煮 10 分钟即可。

营养师点评

南瓜能够保护宝宝肠胃功能和视力，还能预防佝偻病。黄豆能提供优质蛋白质，因此食用黄豆可提高免疫力，同时还可以抗菌消炎。

提高
免疫力

茄汁黄豆

材料 番茄 100 克，黄豆 40 克。

材料 番茄酱 5 克，油适量。

做法

1 黄豆洗净，浸泡 4 小时，煮熟，捞出。

2 番茄洗净，去皮，切块，放入料理机中，加适量饮用水打成泥。

3 锅内倒油烧热，放入煮熟的黄豆、番茄泥翻炒，再加入番茄酱、适量清水，小火慢煮至黏稠即可。

营养师点评

番茄可以提供维生素 C 和钾，搭配黄豆食用可以为人体提供优质蛋白质、钙和卵磷脂，为儿童骨骼生长及大脑发育提供优质原材料。

健脑
开胃

韭菜豆渣饼

材料 黄豆渣 50 克，玉米面 80 克，韭菜 40 克，鸡蛋 1 个。

材料 盐 1 克，香油 2 克，油适量。

做法

1 韭菜洗净，切碎。黄豆渣、玉米面混合均匀，磕入鸡蛋，加入韭菜碎，调入盐和香油搅匀，团成团，压成小饼状。

2 平底锅中倒少许油烧热，放入小饼，小火烙至一面金黄后翻面，烙至两面金黄即可。

营养师点评

韭菜豆渣饼富含钙、优质蛋白质、膳食纤维、碳水化合物等，有助于预防便秘、强健骨骼。

通便
强体

黑木耳

宝宝胃肠的"清道夫"

☑性凉　性热　性平　酸性　☑碱性

营养标签

　　黑木耳含有丰富的铁元素，能使宝宝的肌肤健康红润，并能预防贫血。黑木耳中含有一种特殊的多糖体，能起到增加抗体、保护心脏的作用。特殊的胶质能够吸附人体中的多种有害物质，溶解或氧化宝宝吃下的一些异物，如头发等，从而达到净化肠胃的效果。黑木耳还能清肺润肺，宝宝经常食用，可以预防肺部疾病。

优势营养素含量

营养成分	每100克可食部分含量
蛋白质	12.1克
碳水化合物	65.6克
膳食纤维	29.9克
维生素 B_2	0.44毫克
钾	757毫克
铁	97.4毫克

多大的宝宝可以吃

　　黑木耳适合1岁以上的宝宝食用。

这样吃营养好吸收

1　将干木耳用水煮熟后，搅碎成糊，有利于宝宝对营养的充分吸收。

2　黑木耳蒸吃营养吸收较好，比较适合宝宝食用，但必须隔水蒸30分钟至熟软。

经典搭配

黑木耳 + 青笋	✓	补血
黑木耳 + 红枣	✓	补血，治疗血虚等
黑木耳 + 韭菜	✓	促进排毒
黑木耳 + 鸡蛋	✓	强健骨骼

食用宜忌

1　木耳是很好的营养食品，贫血、体质虚弱的宝宝应适当多食。

2　黑木耳性质滋润，容易滑肠，腹泻的宝宝不能吃。

3　鲜木耳中有毒素，不能给宝宝吃，以免引起宝宝中毒。

木耳蒸鸭蛋

材料 黑木耳 25 克，鸭蛋 1 个。

调料 冰糖 10 克。

做法

1 将黑木耳泡发后洗净，切碎。

2 鸭蛋打散，加入黑木耳、冰糖，添少许水，搅拌均匀后，隔水蒸熟。

营养师点评

木耳和鸭蛋均有滋阴润肺的功效，搭配食用，对缓解宝宝咳嗽很有好处。

缓解
咳嗽

预防贫血
提高智力

姜枣木耳花生汤

材料 黑木耳 20 克，红枣 10 克，生姜 10 克，花生米 10 克。

做法

1 木耳提前泡发。花生米和红枣浸泡 10 分钟，红枣洗净，去核。生姜切片。

2 锅内放水，加入准备好的材料，大火煮沸，撇去浮沫，用小火煮，到汤汁耗去一半时即可关火。

营养师点评

宝宝适量饮用此汤，对预防贫血与消化不良、促进智力增长都有很好的效果。

胡萝卜烩木耳

材料 胡萝卜200克，水发木耳50克。

调料 盐1克，葱末、姜丝各5克，油适量。

做法

1 胡萝卜洗净，切片。水发木耳洗净，撕小朵，焯水。

2 锅内倒油烧热，爆香葱末、姜丝，放入胡萝卜片翻炒2分钟，加入木耳翻炒至熟，加盐调味即可。

营养师点评

这道菜含膳食纤维、铁、胡萝卜素、维生素C等，能促进肠道蠕动，辅助预防缺铁性贫血。

补血
明目

木耳鸭血汤

材料 鸭血 150 克，水发木耳 40 克。

调料 姜末、香菜段各 5 克，盐、胡椒粉各 1 克，水淀粉、香油各少许。

做法

1 鸭血洗净，切厚片。水发木耳洗净，撕小朵。

2 锅置火上，加适量清水，煮沸后放入鸭血片、木耳、姜末，再次煮沸后转中火煮 10 分钟，用水淀粉勾芡，撒上胡椒粉、香菜段，加盐调味，淋上香油即可。

营养师点评

鸭血富含铁、优质蛋白质，搭配木耳，能帮助缓解缺铁性贫血，促进生长发育。

补血
增高

香菇 提高宝宝免疫力

性凉　性热　☑性平　酸性　☑碱性

营养标签

　　香菇热量低，蛋白质和维生素含量高，有很好的保健作用，含有 7 种人体必需氨基酸，尤其是赖氨酸含量很丰富，可以作为宝宝酶缺乏症和氨基酸补充的首选食物。香菇中含有干扰素诱导剂，能预防流感；其中的麦角骨化醇可转化为维生素 D，从而促进钙的吸收，调理小儿佝偻病和贫血；α-葡聚糖和葡萄糖苷酶能增强宝宝免疫力。另外，香菇中还含有大量的亚油酸，可促进宝宝大脑发育。

　　中医学认为，香菇有调理脾胃、增进食欲的作用。

优势营养素含量

营养成分	每 100 克可食部分含量
蛋白质	2.2 克
碳水化合物	5.2 克
膳食纤维	3.3 克
维生素 B_2	0.08 毫克
烟酸	2 毫克
硒	2.58 微克

多大的宝宝可以吃

　　香菇适合 8 个月以上的宝宝食用。

这样吃营养好吸收

1. 最好选择日晒加工过的香菇给宝宝食用，这样有利于维生素 D 的吸收。
2. 香菇最好是切碎后给宝宝煮粥食用，这样香菇的营养流失较少，利于宝宝吸收。

经典搭配

香菇＋猪肉	✓	促进动物蛋白吸收和脂肪消化
香菇＋豆腐	✓	脾胃虚弱、食欲差的宝宝可适量多食
香菇＋鸡腿	✓	提供优质蛋白质
香菇＋薏米	✓	化痰理气、消肿利尿

食用宜忌

　　香菇比较适合体质虚弱、饮食不香、尿频的宝宝食用。

吃饭香长得壮宝宝餐

香菇豆腐汤

材料 豆腐 80 克，鲜香菇 50 克，冬笋 40 克，油菜叶 25 克。

调料 盐 2 克，香油少许。

做法

1 香菇去蒂，洗净，切块，沥干。豆腐切块，开水中略焯，捞出沥干。冬笋切片。油菜叶洗净。

2 汤锅中倒水烧沸，放入冬笋片、香菇块、豆腐块煮熟，加盐调味，放入油菜叶，淋入香油即可。

营养师点评

豆腐富含蛋白质，香菇能促进大脑发育，冬笋有增强食欲的功效，油菜可提高宝宝免疫力。

增强食欲
提高免疫力

增强宝宝
食欲

香菇玉米浓汤

材料 香菇 3 朵，鲜玉米粒、洋葱各少许。

调料 冰糖、奶油酱、水淀粉、高汤适量，油适量。

做法

1 香菇洗净，切成条。鲜玉米粒洗净。洋葱洗净切条。

2 锅置火上，放油加热，炒香香菇和洋葱，加入高汤和玉米粒，煮开后放少量冰糖。

3 加入奶油酱，用水淀粉勾薄芡即可。

营养师点评

香菇可改善食欲不佳、乏力等症状。玉米能够刺激肠蠕动，预防便秘，加快新陈代谢。

香菇黄花鱼汤

材料 黄花鱼 250 克，鲜香菇 50 克。

调料 姜片、料酒各 10 克，葱花、盐、胡椒粉、油各适量。

做法

1 黄花鱼处理干净，在鱼身两面各划几刀，加料酒、姜片腌渍 20 分钟。香菇洗净，切片。

2 锅内倒油烧热，放入黄花鱼煎至两面金黄，倒入开水没过鱼身，大火烧开，转小火慢炖 10 分钟。

3 下入香菇片炖熟，撒入盐、胡椒粉、葱花调味即可。

营养师点评

黄花鱼搭配香菇熬汤，能为宝宝提供 DHA、磷、镁、钾等营养素，促进骨骼生长。

缓解
便秘

香菇油菜

材料 水发香菇 50 克，油菜 100 克。

调料 盐 1 克，葱花、姜丝、油各适量。

做法

1 水发香菇洗净，切片，焯水沥干。油菜择洗干净，切段。

2 锅中倒油烧热，放入葱花、姜丝煸香，加入油菜段煸炒，放入香菇片继续翻炒，加盐调味即可。

营养师点评

这道菜富含维生素 C、膳食纤维，还含有一定量的钙和维生素 D，能帮助钙吸收，促进骨骼发育。

健脾
养胃

海带 补碘高手

☑ 性凉　性热　性平　酸性　☑ 碱性

营养标签

海带被誉为"含碘冠军"，经常食用能够有效地预防宝宝缺碘，从而避免出现单纯性甲状腺肿。海带所含的胶质可防止放射性物质在宝宝体内的蓄积，降低放射性物质的危害。海带还含有大量的不饱和脂肪酸和膳食纤维，能帮助宝宝清除血液中沉积的胆固醇，含有的叶酸能协助红细胞再生。

此外，海带中还富含有保护作用的化合物，宝宝多食可提高抵抗力，对癌症也有一定的预防功效。

优势营养素含量

营养成分	每 100 克可食部分含量
蛋白质	1.2 克
维生素 B$_2$	0.15 毫克
维生素 E	1.85 毫克
钾	246 毫克
碘	113.9 毫克
硒	9.54 毫克

多大的宝宝可以吃

宝宝 7 个月大时，妈妈们可以将海带处理干净后，用水浸软煮成糊喂给宝宝吃。

这样吃营养好吸收

用海带来煮汤，可以将营养素保留在汤中，避免流失，使宝宝能充分地吸收。

经典搭配

海带 + 豆腐	✓	维持宝宝体内碘平衡
海带 + 生菜	✓	促进宝宝对铁的吸收
海带 + 冬瓜	✓	利尿、消暑
海带 + 芝麻	✓	促进血液循环、补钙补铁

食用宜忌

1　海带富含膳食纤维，有助于废物排泄，适合便秘的宝宝经常食用。

2　由于海带性凉，不易消化，胃肠不好的宝宝应少吃。

海带豆腐

材料 海带、猪五花肉各 20 克，北豆腐 100 克。

调料 姜、葱、鸡精、大酱、油各适量。

做法

1 海带泡发，洗净切丝。五花肉切片。豆腐切块。姜切片，葱切末。

2 锅置火上，锅内倒入适量油，六成热后放入肉片和姜片，用中火煸至肉两面微黄起锅。留锅内煸肉的油将豆腐煸黄。

3 锅内倒入高汤，放入海带、肉片，调入大酱、鸡精，用大火烧开。

4 中小火炖 20 分钟，撒上葱花即可。

补碘补钙
健脑排毒

清热
解毒

海带木瓜百合汤

材料 水发海带 50 克，绿豆 20 克，木瓜 400 克，百合 20 克，瘦肉 100 克。

调料 盐适量。

做法

1 海带洗净，切菱形片。绿豆和百合洗净。木瓜去皮，去籽，切块。瘦肉洗净，氽烫后冲洗干净。

2 煲内加适量水煮开，放入海带、绿豆、木瓜、百合和瘦肉，烧开，小火煲 2 小时，加盐调味即可。

营养师点评

海带、绿豆搭配木瓜一起食用，能清热解毒、除燥润肺。

海带拌海蜇

材料 水发海带 100 克，海蜇 60 克。

调料 香菜段、醋、蒜泥各适量，盐、香油各 2 克。

做法

1 水发海带洗净，切丝。海蜇放入清水中浸泡去味，放沸水中焯透，捞出过凉，沥干，切丝。

2 将海蜇丝、海带丝放盘中，加盐、醋、蒜泥拌匀，淋上香油，撒上香菜段即可。

营养师点评

海蜇和海带都富含钙和碘，不仅可以为骨骼生长提供钙，还能够提供碘以促进甲状腺激素的合成，预防因碘缺乏导致的智力损伤。

健脑
益智

海带结炖腔骨

材料 海带结 100 克，腔骨 300 克。

调料 盐 1 克，姜片 5 克，葱末少许。

做法

1 海带结洗净。腔骨剁成小块，洗净，冷水下锅焯水，煮至没有血水，捞出洗净。

2 砂锅置火上，加入腔骨，倒入海带结、姜片及适量水，大火煮开后转小火煮 50 分钟，加盐调味，撒葱末即可。

营养师点评

海带富含钙、碘、膳食纤维等，搭配含有钙、铁、蛋白质的腔骨，促进营养吸收。

滋阴
润燥

豆腐 营养丰富的"植物肉"

☑性凉 性热 性平 酸性 ☑碱性

营养标签

豆腐是高蛋白食品，其中的蛋白质能参与人体组织构造，易被宝宝消化和吸收，能促进宝宝生长，是摄入蛋白质的绝佳来源。所含的丰富的大豆蛋白、异黄酮对宝宝的生长同样有非常重要的作用；钙及维生素 K 可促进宝宝骨骼与牙齿的发育，还有安定神经的功效。

另外，豆腐中碳水化合物和脂肪含量很低，是低热量的保健食品，能预防宝宝肥胖。

优势营养素含量

营养成分	每 100 克可食部分含量
蛋白质	6.6 克
维生素 B$_1$	0.06 毫克
维生素 B$_2$	0.02 毫克
维生素 E	5.79 毫克
铁	1.2 毫克
钙	78 毫克

多大的宝宝可以吃

宝宝满 9 个月后便可以吃一些豆腐，最好用厨巾滤去水后再食用。如果宝宝易过敏，最好在满 1 岁后再吃。

这样吃营养好吸收

1 可以将豆腐捣碎后给宝宝食用，这样有利于宝宝对豆腐所含营养物质的充分吸收。

2 豆腐炖汤食用时一定要选择嫩豆腐，这样味道才更鲜美，同时也适合宝宝的胃肠吸收，有利于增加宝宝的食欲。

经典搭配

豆腐 + 猪肉	✓	提高蛋白质吸收率
豆腐 + 海带	✓	补充碘
豆腐 + 鱼肉	✓	提高营养价值，促进钙吸收
豆腐 + 木耳	✓	提高抗病能力
豆腐 + 海带	✓	补充碘、钙

食用宜忌

1 豆腐最好不要与葱同食，否则会影响宝宝对钙的吸收。

2 由于豆腐性凉，易腹泻的宝宝不要多吃。

3 给宝宝吃豆腐时，不要同时食用蜂蜜，否则可能导致宝宝出现腹泻症状。

木瓜牛奶豆腐汁

材料 牛奶半杯，嫩豆腐半盒，木瓜 300 克。

调料 糖适量。

做法

1 木瓜洗净，去皮，去籽，切块。豆腐切块。

2 将木瓜块、牛奶、糖、豆腐块放入果汁机中，加入适量清水，打成汁，倒入杯中即可。

营养师点评

木瓜富含维生素、钙、磷等营养素，具有平肝和胃的作用，牛奶富含蛋白质、钙、维生素，亦有滋润皮肤的功效。

平肝和胃
滋润皮肤

健脑益智
补锌补钙

豆腐牡蛎汤

材料 牡蛎 200 克，豆腐 120 克，香菇 30 克。

调料 水淀粉、蒜、香油、盐、香菜、植物油各适量。

做法

1 豆腐切丁，香菇切片，牡蛎原汁洗壳，蒜切小片。

2 锅置火上，倒入少许油，烧热炒香蒜片，然后加入切好的香菇稍炒。

3 加入豆腐，放水炖煮，待水开后煮 5 分钟，加入牡蛎大火煮开，加盐调味。

4 用水淀粉勾芡，淋上香油，撒上香菜即可。

营养师点评

宝宝喝此汤，补钙又补锌，"双补齐下"。

荠菜豆腐羹

材料 荠菜、豆腐各 100 克，猪瘦肉 50 克。

调料 蒜末 5 克，盐 1 克，淀粉、油各适量。

做法

1 荠菜洗净，切碎。豆腐洗净，切块。猪瘦肉洗净，
  切丝，加入淀粉腌渍 5 分钟。

2 锅内倒油烧热，放入蒜末爆香，放入肉丝翻炒，
  再加适量清水、豆腐块煮开，加入荠菜碎略煮，
  加盐调味即可。

营养师点评

豆腐富含钙、优质蛋白质，猪肉富含铁，
搭配含膳食纤维和维生素 C 的荠菜，
营养丰富，可润肠通便、强健骨骼。

润肠
健体

豆腐烧牛肉末

材料 豆腐 100 克, 牛肉 40 克。

调料 葱花、姜末、蒜末各 4 克, 生抽 3 克, 油适量。

做法

1 牛肉洗净, 切末。豆腐洗净, 切片。

2 锅内倒油烧热, 炒香葱花、姜末、蒜末, 放入牛肉末翻炒至变色, 放入生抽炒香, 加入适量水。

3 待水开后放入豆腐片, 转中火煮 5 分钟, 大火收汁即可。

营养师点评

这道菜营养丰富, 含有钙、铁、优质蛋白质等营养物质, 对儿童的生长发育有帮助。

促进
发育

苹果

维持宝宝精力的弱碱性水果

性凉　性热　☑性平　酸性　☑碱性

营养标签

　　苹果富含维生素 C、胡萝卜素、膳食纤维、苹果酸、铁、钾、硒等营养物质，常食有利于宝宝的身体健康。苹果性质温和，一般不会引起过敏反应，含有的果酸可以让宝宝的身体保持健康的弱碱性，维持宝宝的精力。苹果富含膳食纤维，可刺激胃肠蠕动，促进废物排出。苹果还可改善肺功能，保护肺部免受空气污染物的影响。另外，吃苹果还有助于提高宝宝的免疫力，同时增强宝宝记忆力。

优势营养素含量

营养成分	每 100 克可食部分含量
蛋白质	0.4 克
脂肪	0.2 克
胡萝卜素	50 微克
维生素 B_1	0.02 毫克
维生素 B_2	0.02 毫克
维生素 E	0.43 毫克

多大的宝宝可以吃

　　4 个月大的宝宝宜喝苹果汁，随着其生长发育，逐渐过渡到喂苹果泥。

这样吃营养好吸收

　　将苹果榨汁或者蒸熟后压成泥，再给宝宝喂食，这样除了有助于营养的快速吸收以外，还可以防止宝宝的牙齿受损。

经典搭配

苹果 + 鱼类	✓	营养丰富，止泻
苹果 + 茶叶	✓	健脾止泻，润肤色
苹果 + 猪肉	✓	加强营养，消除异味
苹果 + 洋葱	✓	保护心脏

食用宜忌

1　苹果不宜在饭后立即吃，否则不但不利于消化，还会造成胀气和便秘。
2　有腹泻倾向或已经出现腹泻的宝宝，要少喝或不喝苹果原汁，否则可能导致腹泻的发生或加重。
3　给宝宝喝的苹果汁，一定要加热到适宜温度后，再喂给宝宝。

苹果沙拉

材料 苹果 50 克，橙子 1 瓣，葡萄干 5 克，优乳酪 15 克。

做法

1 苹果洗净后去皮、核，切小丁。葡萄干泡软。橙子去皮、核，切小丁。将苹果丁、葡萄干、橙子丁一起盛到盘子里。

2 把优乳酪倒入水果盘里搅拌均匀即可。

营养师点评

苹果富含的维生素、无机盐和糖类，是大脑必需的营养物质，所含的锌可以增强宝宝的记忆力，促进智力发育。橙子富含维生素 C，能提高宝宝机体免疫力。葡萄干有补血补气的效果。

促进智力
发育

牛油果苹果汁

材料 牛油果 40 克，苹果 60 克。

做法

1 苹果洗净，去皮及核，切丁。牛油果从中间切开，去核，取果肉。

2 将苹果丁、牛油果肉放入榨汁机中，加适量饮用水搅打均匀即可。

营养师点评

这款饮品富含维生素 C、维生素 E、不饱和脂肪酸等营养物质，能促进铁吸收，营养大脑。

健脑
益智

蔬果养胃汤

材料 南瓜、胡萝卜各50克,苹果80克,番茄40克。

调料 盐1克,油适量。

做法

1 南瓜洗净,去皮及瓤,切丁。胡萝卜、番茄分别洗净,去皮,切丁。苹果洗净,去皮及籽,切丁。

2 锅内倒油烧热,放入南瓜丁、胡萝卜丁、番茄丁炒软,加适量清水,放入苹果丁,大火煮熟,转中火熬煮20分钟,加盐调味即可。

营养师点评

南瓜、胡萝卜、苹果、番茄搭配食用,酸甜可口,可健脾开胃、化食消积、增强食欲。

健脾
开胃

香蕉 宝宝的"开心果"

☑性凉　性热　性平　酸性　☑碱性

营养标签

　　香蕉营养价值高，柔软可口。脂肪含量低，可作为宝宝的加餐水果。其果肉中含有糖类、蛋白质、维生素，以及钙、磷、铁、钾等，不但能补充能量，还可以润肠通便、消热除烦。香蕉中的维生素 B 族含量很高，能使宝宝的皮肤润泽、光滑、细腻。香蕉中的血清素能使人感受到欢乐愉悦，有助于让宝宝富有创造力。

　　宝宝经常适量地吃香蕉，还能有效改善体质，提高机体的免疫力，对生长发育也是很有好处的。

优势营养素含量

营养成分	每 100 克可食部分含量
蛋白质	1.2 克
碳水化合物	28.9 克
维生素 B$_2$	0.04 微克
钾	330 毫克
镁	29 毫克
膳食纤维	3.1 克

多大的宝宝可以吃

　　5 个月以上的宝宝就可以吃香蕉了。最初可放入米糊里煮热后再喂给宝宝吃，这样宝宝食用起来比较安全。稍大一点后，可以用小勺将香蕉刮成泥，喂给宝宝吃。

这样吃营养好吸收

1　香蕉去皮，用勺子压成糊，加牛奶混合煮食，这样营养均衡且全面，味道香甜。

2　将香蕉肉与其他水果一起榨汁给宝宝饮用，味道更好，营养更丰富。

经典搭配

香蕉 + 奶酪	✓	防止钙沉积
香蕉 + 冰糖	✓	通便、润肺、生津、止渴
香蕉 + 豆奶	✓	有助于体内废气的排出

食用宜忌

　　有消化不良、胃部不适、腹泻症状的宝宝应少吃香蕉，以免加重病情。

香蕉玉米汁

材料 香蕉 2 根，熟玉米粒适量。

做法

1 香蕉去皮，将肉质部分用刀切块。熟玉米粒洗净。

2 将玉米粒和香蕉块放入榨汁机，榨汁后加热即可。

营养师点评

香蕉富含可溶性膳食纤维，能促进宝宝消化，且有安抚神经、镇静的效果，能够促进睡眠。玉米含有丰富的钙、硒、维生素 E 等，有健脾益胃、利水渗湿的作用。

促进
睡眠

香蕉燕麦卷饼

材料 香蕉 100 克，面粉 50 克，原味燕麦片 40 克，杏仁粉 5 克，去核红枣 3 枚。

调料 油适量。

做法

1 香蕉去皮，切碎。红枣切碎，放入料理机中，加适量饮用水打成泥。

2 将燕麦片、杏仁粉、面粉、香蕉碎和适量饮用水搅匀成面糊。

3 将面糊分成若干小份，在平底锅中刷油，倒入面糊，摊开，小火煎至两面熟透即为饼皮。

4 将红枣泥均匀涂在饼皮上，卷起来即可。

营养师点评

这款饼含有镁、锌、膳食纤维等，可以促进营养吸收。

促进
发育

160

香蕉紫薯卷

材料 紫薯、香蕉各100克，吐司2片，牛奶30克。

做法

1 紫薯洗净，去皮，切块，蒸熟，放入碗中，加入牛奶，用勺子压成泥。香蕉去皮，切小段。

2 吐司切掉四边，用擀面杖擀平，取紫薯泥均匀涂在吐司上，放上香蕉段，卷起，切小段即可。

营养师点评

香蕉紫薯卷含膳食纤维、镁、钙等营养物质，能补钙壮骨、调理便秘。

缓解
便秘

红枣 宝宝的补血良品

性凉　性热　☑性平　酸性　☑碱性

营养标签

　　红枣中含有蛋白质、脂肪、糖类、维生素、矿物质等营养成分，这些成分对宝宝来说是理想的保健物质。红枣中含有谷氨酸、赖氨酸、精氨酸等 14 种氨基酸，以及苹果酸等 6 种有机酸，这些物质都很有益于宝宝的健康成长。

　　红枣中还含有黄酮类化合物，以及磷、钾、镁、钙、铁等多种矿物质，都是宝宝生长发育不可缺少的物质；含有的环磷酸腺苷可帮助宝宝扩张血管，增强心肌收缩力，使宝宝将来有一个健康的心脏；所含的糖类和维生素 C 可减轻化学药物对宝宝肝脏的损害，促进蛋白质合成，增加血清总蛋白的量。另外，红枣中储藏着丰富的钙、铁，能预防宝宝贫血。红枣也可以作为宝宝理想的补血食物。

优势营养素含量

营养成分	每 100 克可食部分含量
碳水化合物	67.8 克
维生素 C	14 毫克
钾	524 毫克
锌	0.65 毫克
铁	2.3 毫克

多大的宝宝可以吃

　　在宝宝 7 个月以后，可以选择用红枣煮粥给宝宝喂食。新鲜大枣易导致宝宝腹泻，宝宝 1 岁以后才可适当喂食鲜枣。

这样吃营养好吸收

　　红枣皮中有丰富的营养成分，给宝宝炖汤时最好连皮一起炖。但生吃红枣时要去枣皮，因为枣皮不易消化。

经典搭配

红枣 + 桂圆	✓	提高免疫力
红枣 + 核桃	✓	健脑益智
红枣 + 牛奶	✓	促进骨骼生长

食用宜忌

1　红枣不要过量食用，否则会引起便秘。
2　宝宝长牙后，吃完红枣要多喝水，否则容易出现蛀牙。

红枣黑米豆浆

材料 黄豆、黑米各 20 克，干红枣 7 颗。

做法

1 黄豆和黑米洗净后用水提前泡一晚上。红枣去核，撕成小块。

2 将材料及泡黄豆和黑米的水都倒入豆浆机中打成豆浆即可。

营养师点评

黑米含有丰富的维生素 C、花青素、胡萝卜素，有开胃益中、明目活血的作用。黄豆含有卵磷脂，对宝宝大脑和身体发育有很好的作用。红枣富含铁、钙等，可预防宝宝贫血与缺钙。

明目活血
健脑益智

红枣花卷

材料 面粉 200 克，红枣 3 枚，酵母粉、植物油各适量。

做法

1 酵母粉用适量温水化开并调匀。红枣洗净。

2 面粉中加入酵母水和成面团，发好后揉搓成长条，揪成剂子，擀成长片，刷一层植物油。

3 在面片中间切一刀，不要完全切断，将面片沿未切断的一头卷好，用两只筷子横着沿面团两侧用力夹成花的形状，再翻转另一面，用筷子竖着夹一下，做成想要的形状，上面放上红枣，入锅蒸熟即可。

营养师点评

红枣中富含叶酸、锌，有利于大脑的发育，做成面食，不仅可以补充足够的能量，宝宝也更爱吃。红枣最好去核，以免宝宝吃的时候被呛到。

健脑
强体

桂圆红枣豆浆

材料 黄豆、桂圆肉各 30 克，红枣 2 枚。

做法

1 黄豆洗净，浸泡 10 小时。红枣洗净，去核，切碎。
2 把黄豆、桂圆肉、红枣碎一同倒入全自动豆浆机中，加水至上、下水位线之间，煮至豆浆机提示豆浆做好即可。

营养师点评

桂圆红枣豆浆含有维生素 C、钙、优质蛋白质等营养素，能提高食欲、增强大脑活力。

开胃
健脑

燕麦

提供多种必需氨基酸

性凉　性热　☑性平　☑酸性　碱性

营养标签

　　谷物中的蛋白质和脂肪含量数燕麦最高，且含有的主要是单不饱和脂肪酸、亚油酸和次亚油酸，能降低胆固醇水平和患心血管疾病的风险。燕麦中还含有宝宝生长发育必需的8种氨基酸，比如赖氨酸和色氨酸，前者可益智、健骨，后者可预防贫血。燕麦还含有独特的皂苷，能够帮助调节宝宝肠胃功能，清除体内的垃圾。

优势营养素含量

营养成分	每100克可食部分含量
蛋白质	10.1克
脂肪	0.2克
维生素 B_1	0.46毫克
维生素 E	0.91毫克
镁	116毫克
钙	58毫克

多大的宝宝可以吃

　　燕麦不易消化，且易引起过敏，小于8个月的宝宝不宜食用，8个月以后可以适量进食。1岁以上的宝宝可以经常食用。

这样吃营养好吸收

1　燕麦缺少维生素 C 和矿物质，烹调时宜加入一些水果，如橙子、柑橘等，让宝宝摄取更加充足的营养。

2　煮燕麦片给宝宝吃的时候，生燕麦片煮20~30分钟即可，熟燕麦片煮5分钟即可，搭配牛奶一起煮的熟麦片煮3分钟就可以了。不要长时间煮，否则营养流失严重。

经典搭配

燕麦 + 牛奶	✓	营养安全且均衡
燕麦 + 鸡蛋	✓	提高蛋白质吸收率
燕麦 + 玉米	✓	促进糖和脂肪的代谢
燕麦 + 胡萝卜	✓	养肝明目，健脾胃

食用宜忌

1　燕麦虽然营养丰富，但是一次不能吃太多，否则会引起腹胀。

2　燕麦片不要长时间高温炖煮，否则容易破坏其中的维生素。

核桃燕麦粥

材料 燕麦 20 克，大米 20 克，核桃仁 10 克，枸杞子 3 克。

调料 冰糖 5 克。

做法

1 大米、燕麦淘洗干净备用。核桃仁冲洗干净。枸杞子泡洗干净。

2 锅置火上，倒入适量水煮沸，放入大米、燕麦煮沸，转小火熬煮，加核桃仁、枸杞子煮 20 分钟，加冰糖煮化调味即可。

营养师点评

核桃仁可以提高宝宝记忆力，增强智力；燕麦可以帮助排便，改善血液循环。

提高记忆力
补钙

促进宝宝
生长发育

苹果燕麦糊

材料 苹果半个，牛奶 250 毫升，燕麦 20 克。

做法

1 苹果洗净，切小块。

2 将苹果块、燕麦、牛奶一起加入搅拌机，打成糊，用微波炉稍加热即可。

营养师点评

苹果中有对宝宝生长发育有益的纤维素和提高记忆力的锌元素；燕麦能降低胆固醇水平，滋润皮肤。本品适合宝宝经常食用，还可以避免肥胖呢！

燕麦猪肝粥

材料 原味燕麦片、大米、猪肝各 30 克。

做法

1 大米洗净。猪肝洗净，切末。

2 锅内加适量清水、大米，大火煮开，转小火熬煮 20 分钟，放入燕麦片煮开，放入猪肝末煮熟即可。

缓解
便秘

营养师点评

猪肝富含铁、维生素 B_{12}、维生素 A，燕麦富含膳食纤维，搭配同食能帮助预防缺铁性贫血、缓解便秘。

燕麦黑芝麻豆浆

材料 黄豆 30 克，黑芝麻 10 克，燕麦 20 克。

做法

1 黄豆、燕麦洗净，浸泡 4 小时。黑芝麻洗净。

2 将黑芝麻、燕麦和黄豆放入豆浆机中，加水至上、下水位线间，接通电源，按"五谷豆浆"键，待豆浆制好即可。

营养师点评

燕麦含有葡聚糖和烟酸，黄豆富含植物固醇。这款豆浆有助于增强抗病力。

益智
健脾

玉米
保护视力和脑功能的佳品

性凉　性热　☑性平　☑酸性　碱性

营养标签

玉米有很好的保健作用，所含的类胡萝卜素和叶黄素可以保护宝宝的眼睛，避免视力下降。亚油酸含量极高（60% 以上），还含有维生素 E、谷固醇等，可以降低胆固醇水平，预防宝宝脑功能发育不良。

玉米中还含有抗癌因子谷胱甘肽，能够使宝宝体内的致癌物质失效，然后通过消化道排出体外，玉米中的硒、镁及赖氨酸等亦有防癌作用，故食用玉米可以大大降低宝宝癌症的发病率。

优势营养素含量

营养成分	每 100 克可食部分含量
碳水化合物	22.8 克
膳食纤维	2.9 克
钾	238 毫克
维生素 B$_1$	0.16 毫克
维生素 B$_2$	0.11 毫克
磷	117 毫克

多大的宝宝可以吃

10 个月以上有一定咀嚼能力的宝宝可以适量吃一些。

这样吃营养好吸收

10 个月以上有一定咀嚼能力的宝宝可以吃一些袋装玉米片。

经典搭配

玉米 + 小麦 + 黄豆	✓	有利于宝宝对蛋白质的吸收和利用
玉米 + 鸡蛋	✓	预防宝宝肥胖
玉米 + 豆腐	✓	赖氨酸、硫氨酸营养互补

食用宜忌

玉米可以促进胃肠蠕动，便秘的宝宝可适当多食。

香滑玉米汁

材料 甜玉米、鲜奶各适量。

做法

1 玉米洗净，剥下玉米粒。
2 玉米粒用清水煮开后再煮 10 分钟。
3 将玉米粒和同煮的水一起倒入料理机，磨成浆。
4 通过漏勺将玉米汁过滤出来，加适量鲜奶搅匀即可。

营养师点评

玉米中含有丰富的蛋白质、胡萝卜素、亚油酸、维生素及玉米黄素等营养物质，这些物质对宝宝各方面的生长发育都有很好的促进作用。

促进宝宝
生长发育

强健身体
健脑益智

鸡蓉玉米羹

材料 玉米粒 50 克，鸡脯肉 30 克，青豆 30 克。
调料 盐 2 克，水淀粉 15 克，油适量。

做法

1 玉米粒、青豆分别洗净。鸡脯肉洗净，切碎。
2 锅内倒油烧至五成热，放入鸡肉碎炒散，加入玉米粒和青豆，加适量水煮沸，加盐调味，用水淀粉勾芡即可。

营养师点评

玉米能刺激肠胃蠕动，加速有害物质排泄。鸡肉有强健身体、促进生长发育等多种作用。青豆有健脑益智的功效。

松仁玉米

材料 玉米粒 100 克，松子仁、红椒、青椒各 30 克，芹菜 10 克。

调料 葱末、姜末各 3 克，盐 1 克，油适量。

做法

1 玉米粒洗净。松子仁洗净，炒香。红椒、青椒分别洗净，去蒂除籽，切丁。芹菜洗净，切小段。

2 锅内倒油烧热，放葱末、姜末炒香，倒入玉米粒翻炒，放入松子仁、红椒丁、青椒丁、芹菜段炒熟，加盐调味即可。

营养师点评

松子仁富含维生素 E、必需脂肪酸，玉米富含膳食纤维、玉米黄素，搭配做成的松仁玉米，是健脑益智的佳品。

健脑益智

玉米色拉

材料 玉米粒、酸奶、黄瓜、圣女果各50克,胡萝卜、柠檬各20克。

做法

1 玉米粒洗净,焯熟。胡萝卜洗净,切丁,焯熟。黄瓜洗净,切丁。圣女果洗净,切小片。

2 将玉米粒、黄瓜丁、圣女果片、胡萝卜丁装入碗中,加入酸奶,挤入柠檬汁,拌匀即可。

营养师点评

这款色拉含有钙、玉米黄素、维生素C、番茄红素等,可助力长高,还可保护肠道健康。

开胃
润肠

核桃 宝宝的"智力果"

性凉　性热　☑性平　酸性　☑碱性

营养标签

核桃营养丰富，有很好的健脑作用，可以促进宝宝的大脑发育和智力提升，所含的磷脂对脑神经可以起到良好的保健作用。核桃富含维生素 B 族和维生素 E，在防止细胞老化、润肠、健脑、增强记忆力、润泽肌肤方面有很大的作用，还有乌发的功效；含有的不饱和脂肪酸——亚油酸，能促进蛋白质的吸收，提升宝宝的免疫力；锌、锰、铬等的含量也很丰富，其中铬可以促进葡萄糖利用、加速胆固醇代谢和保护心血管。

优势营养素含量

营养成分	每 100 克可食部分含量
蛋白质	14.9 克
脂肪	58.8 克
胡萝卜素	30 微克
维生素 B$_1$	0.15 毫克
维生素 E	43.21 毫克
钾	385 毫克

多大的宝宝可以吃

1 岁以上的宝宝可以适当食用。

这样吃营养好吸收

核桃仁要打成粉或磨成浆后再喂给宝宝，也可做成核桃泥。需要注意的是，核桃浆最好煮沸晾凉后再给宝宝吃，避免引起胃肠不适。

经典搭配

核桃 + 芹菜	✓	预防宝宝便秘
核桃 + 黑芝麻	✓	滋养皮肤，补充体力
核桃 + 大米	✓	补肾润肠
核桃 + 鱼头	✓	补脑润肤

食用宜忌

1 核桃具有润燥滑肠的功效，适合便秘的宝宝食用。另外，核桃有较强的活血调经、祛瘀生新的作用，适合血瘀体质的宝宝适当多食。

2 有上火症状和腹泻的宝宝不宜吃核桃，否则容易加重不适症状。

3 宝宝胃肠较嫩，核桃不宜多食，每天 1 个就可以了。

核桃奶酪

材料 低脂鲜奶150毫升,明胶4克,核桃2个。

做法

1 将明胶溶入50毫升的热开水中。

2 将低脂鲜奶加热至70℃。

3 将溶好的明胶加入加热后的低脂鲜奶,搅拌均匀,静置放凉结冻。

4 食用前将核桃切碎,放在奶酪上即可。

营养师点评

核桃仁中富含亚油酸,有健脑益智的功效,对宝宝的生长发育及智力的提高很有好处。

健脑
益智

平喘
润肠利尿

草莓牛奶核桃露

材料 杏仁、核桃仁各25克,草莓100克,牛奶250毫升。

调料 白砂糖、水淀粉各适量。

做法

1 草莓洗净,捣汁。杏仁、核桃仁碾碎。

2 锅内加适量水和糖,中火熬成半透明的糖液,倒入牛奶和杏仁、核桃仁碎粒,煮沸,加水淀粉勾芡,将草莓汁倒入奶露中,搅拌均匀即可。

营养师点评

杏仁能平喘,核桃仁能润肠,草莓有清热、利尿的作用。

核桃花生牛奶

材料 核桃仁、花生米各 30 克，牛奶 200 毫升。

调料 白糖 2 克。

做法

1 将核桃仁、花生米放锅中炒熟，碾碎。

2 锅置火上，倒入牛奶大火煮沸，下入核桃碎、花生碎稍煮 1 分钟，放白糖煮化即可。

营养师点评

核桃仁中含必需脂肪酸，与富含蛋白质、钙的牛奶搭配，补脑益智又壮骨。

补脑
益智

琥珀核桃

材料 核桃仁 100 克，红糖 10 克。

做法

1 锅内倒入适量清水烧开，放入核桃仁焯烫 2 分钟，捞出沥干。

2 将核桃仁放入烤箱，180℃、上下火烤 20 分钟。

3 锅置火上，放入红糖、适量清水熬成糖汁，待黏稠时关火。

4 倒入烤好的核桃仁，拌匀，迅速出锅即可。

营养师点评

这道菜含有膳食纤维、不饱和脂肪酸和卵磷脂，有助于增强记忆力、润肠通便。

润肠
健脑

黑芝麻 天然益智品

性凉　性热　☑性平　酸性　☑碱性

营养标签

黑芝麻中的维生素 E 能促进宝宝对维生素 A 的吸收，能与维生素 C 一起能保护宝宝的皮肤健康，促进血液循环，使宝宝的皮肤得到充分的滋养，富有弹性，从而降低宝宝皮肤感染的发生率。所含的卵磷脂能提高大脑的活动功能，有健脑的作用。黑芝麻中的油脂能润肠通便，对便秘的宝宝有很好的调理作用。

黑芝麻还富含生物素，对身体虚弱、脱发有很好的缓解效果，其中的芝麻素有抗氧化作用，可以清除体内的自由基，保护宝宝的心脏和肝脏健康。

优势营养素含量

营养成分	每 100 克可食部分含量
蛋白质	19.1 克
脂肪	46.1 克
膳食纤维	14 克
维生素 B_1	0.66 毫克
维生素 E	50.4 毫克
锌	6.13 毫克

多大的宝宝可以吃

9 个月以上的宝宝可以适当吃些黑芝麻了。

这样吃营养好吸收

黑芝麻碾碎后吃更易于消化吸收，可以给宝宝吃些黑芝麻糊或黑芝麻酱。

经典搭配

黑芝麻 + 山药	✓	增强补钙效果
黑芝麻 + 核桃	✓	促进大脑发育
黑芝麻 + 红枣	✓	补铁补血

食用宜忌

1. 黑芝麻有润肠通便的功效，平时大便稀、次数多的宝宝不宜多食。
2. 因脾胃虚弱引起消化不良的宝宝不应该吃黑芝麻，避免加重刺激。
3. 便秘的宝宝可以适当喝一些黑芝麻糊（可加少许蜂蜜），每日喝 1 次，有很好的效果。

芝麻地瓜饮

材料 黑芝麻 20 克，红心地瓜 1 块。

调料 黄豆粉、糖各适量。

做法

1 地瓜洗净，蒸熟，切丁。

2 将黑芝麻、地瓜丁、黄豆粉放入果汁机中，加适量热水，搅打成汁。

3 加入适量糖搅匀即可。

营养师点评

黑芝麻富含维生素 E、必需脂肪酸，地瓜富含胡萝卜素、硒、铁等，两者搭配有增强宝宝体力和免疫力的功效。

增强体力与免疫力

健脑益智

黑芝麻核桃粥

材料 黑芝麻 30 克，核桃 20 克，糙米 60 克。

调料 白糖 10 克。

做法

1 将核桃洗净，切碎。糙米洗净后用水泡 30 分钟，使其软化易煮。

2 将核桃碎、黑芝麻连同泡好的糙米一起入锅煮至熟烂后加入白糖调味即可。

营养师点评

此粥对宝宝大脑发育有积极的促进作用，能开发宝宝智力，锻炼宝宝的思维能力。

金枪鱼芝麻饭团

材料 金枪鱼罐头 100 克，玉米粒 30 克，熟黑芝麻、熟白芝麻各 10 克，大米饭 80 克，海苔 2 片。

做法

1 金枪鱼切碎。玉米粒洗净，煮熟，盛出。海苔撕成长条。

2 将除海苔外的其他材料搅拌在一起，制成饭团，包上海苔条即可。

营养师点评

金枪鱼含有丰富的优质蛋白质和 DHA，黑芝麻含有钙和维生素 E，搭配食用健脑又强体。

促进
发育

黑芝麻糊

材料 黑芝麻 50 克，糯米粉 20 克。

做法

1 黑芝麻挑去杂质，炒熟，碾碎。糯米粉加适量清水，调匀成糯米汁。

2 黑芝麻碎倒入锅内，加适量水大火煮开，转小火略煮。

3 把糯米汁慢慢淋入锅内，搅至呈浓稠状即可。

营养师点评

黑芝麻富含蛋白质、钙、磷、钾、镁，可为骨骼生长提供优质原料。搭配碳水化合物含量丰富的糯米粉，可以为大脑正常运转供给热量。

开胃
强体

牛奶 宝宝最好的钙来源

☑性凉　性热　性平　酸性　☑碱性

营养标签

牛奶所含的蛋白质（如酪蛋白、乳清蛋白等）品质好，与热量的比例搭配也很完美，可以防止宝宝摄入过多的热量，所含的钙也很适合宝宝的身体吸收。牛奶还含有宝宝生长所需的全部氨基酸，是宝宝一生的营养伴侣。另外，牛奶中矿物质（如磷、钾、镁等）的比例搭配也十分适合人体吸收。

每天一杯牛奶，就可以补充宝宝一整天所需的钾元素和维生素 B_2。

优势营养素含量

营养成分	每 100 克牛奶中的含量
蛋白质	3.3 克
维生素 A	24 微克
维生素 B_1	0.03 毫克
维生素 B_2	0.12 毫克
钙	107 毫克
磷	90 毫克

多大的宝宝可以喝

1 岁以前的宝宝不宜喝牛奶，否则易引起过敏症状。1 岁以后的宝宝就可以喝牛奶了。

这样吃营养好吸收

1 牛奶最好与含面粉的食物同食。
2 牛奶适合在饭后 2 小时或睡前 1 小时喝，有助于消化吸收，利于睡眠。

经典搭配

牛奶 + 燕麦	✅	给宝宝多元化的营养补充
牛奶 + 豆浆	✅	营养互补
牛奶 + 饼干	✅	有助于充分吸收蛋白质
核桃 + 鱼头	✅	补脑润肤

饮用宜忌

1 不宜空腹喝牛奶。最好先给宝宝吃一些淀粉类食物，如饼干、面包、馒头等，这样会使牛奶在胃内停留较长的时间，与胃液发生充分的酶介作用，牛奶中的营养便能得到充分的消化吸收。
2 煮牛奶时不要加糖。牛奶中的赖氨酸与白糖中单糖在高温下会生成一种有毒物质，这种物质很难被宝宝消化吸收，还会损害健康。

牛奶南瓜羹

材料 南瓜 200 克，牛奶 100 毫升。

做法

1 南瓜去子，切块。

2 将南瓜块蒸熟，去皮搅拌成泥。

3 向南瓜泥中加入牛奶搅拌均匀，倒入锅中小火烧至沸腾即可。

营养师点评

南瓜中膳食纤维含量较丰富，有助于宝宝排便。牛奶营养丰富，能够给宝宝提供优质蛋白质、维生素、钙等营养物质，有利于宝宝的生长发育。

利于宝宝
生长发育

红豆双皮奶

材料 牛奶 200 毫升，熟红豆 20 克，鸡蛋清 60 克。
调料 白糖适量。
做法

1 鸡蛋清中加入白糖搅拌均匀。

2 牛奶用中火稍煮，倒入碗中，放凉后表面会结一层奶皮，拨开奶皮一角，将牛奶倒进鸡蛋清中，碗底留下奶皮。

3 把蛋清牛奶混合物沿碗边缓缓倒进留有奶皮的碗中，奶皮会自动浮起来。蒙上保鲜膜，隔水蒸 15 分钟，关火闷 5 分钟，冷却后放上熟红豆即可。

营养师点评

这道甜品含有蛋白质、钙、膳食纤维、维生素 B 族，可以促进骨骼生长。

促进
发育

奶香山药松饼

材料 山药 100 克，牛奶 150 毫升，面粉 50 克，鸡蛋 1 个。

做法

1 山药洗净，去皮，切段。鸡蛋打散备用。

2 将山药段放在蒸锅中蒸熟，取出，加入少许牛奶，压成山药泥。

3 在山药泥中加入面粉、剩余牛奶及鸡蛋液搅拌成面糊。

4 平底锅小火加热，将面糊用小勺舀至锅内，摊成小圆饼，待两面金黄即可。

营养师点评

山药可以开胃健脾，与牛奶搭配做成面食，松软可口，有助于提高抗病力。

健脾开胃

185

芝士芒果奶盖

材料 芒果 150 克，淡奶油 50 克，牛奶 100 毫升，
　　　奶酪（芝士）20 克。

调料 盐少许。

做法

1 芒果洗净，去皮、核，留下果肉。

2 将淡奶油、牛奶、奶酪、盐放入盆中，打发成细
　腻奶泡，即为奶盖。

3 将芒果果肉放入榨汁机中，加入适量
　饮用水搅打均匀，倒入杯中，加入奶
　盖即可。

营养师点评

这款奶盖含有钙、维生素 D、胡萝卜素
等营养素，能促进骨骼生长。

促进
骨骼生长

饮食可改善宝宝的行为瑕疵

在宝宝成长过程中，往往会出现很多令家长困扰的问题，如多动、协调性差、记忆力差、爱撒谎等，家长会通过各种方法来改善宝宝的这些行为瑕疵，其中非常简单有效的方法之一是通过饮食营养调理来改善宝宝的问题。

好动的宝宝

好动的宝宝通常很聪明，但由于宝宝体内缺乏维持大脑正常运转的一种化学物质，因此宝宝会经常无法集中注意力，出现好动的表现。此种物质与宝宝的饮食有很大的关系。

饮食调理

好动的宝宝应适当多吃些牛肉、鱼肉、海带、紫菜及菠菜等富含维生素 B 族的绿叶蔬菜。

妈妈护理经

1 让宝宝远离荧光灯。
2 任何含有水杨酸盐的食品都要尽量避免，如橘子、苹果、番茄等。
3 吃有人工色素等添加剂的食物和缺乏维生素 B 族都是引起宝宝好动的因素，所以不要让宝宝喝可乐、吃膨化食品等。

爱撒谎的宝宝

宝宝会说话后，偶尔说一两次小谎没有什么，父母不要太在意。但是，如果宝宝经常撒谎，就要引起重视了，可能的原因有没有安全感、无意识撒谎或者心理状态混乱等。其中，宝宝无意识撒谎与食用大量糖果及垃圾食品导致脑部营养不良有关。

饮食调理

含糖量高、过于精细的食物及垃圾食品不能吃，增加麦麸、蛋奶、红枣、禽类白肉等食物。

妈妈护理经

1 不能放任不管，更不能打骂宝宝，要正确引导宝宝说实话。
2 平时，妈妈不应打击宝宝与人交流的积极性。
3 增加蛋白质、维生素、矿物质的摄入，避免大脑营养不足。

协调性差的宝宝

宝宝协调性差，除了诸如体重过重、情绪不好、肌肉无力等因素外，还有一个很重要的原因是宝宝挑食或偏食，导致叶酸缺乏，进而引起宝宝协调性差，因此宝宝需要补充足量的叶酸。

饮食调理

对于协调性较差的宝宝，深绿色蔬菜、蛋黄、胡萝卜、杏仁、哈密瓜及全麦食品等是不错的选择。

妈妈护理经

1　锻炼宝宝的肢体协调性要从基础做起，可以从教宝宝两只脚轮流活动开始。

2　补充叶酸的同时，减少喂食维生素 C 含量丰富的食物。富含维生素 C 的食物有猕猴桃、橙子等。

3　维生素 B_{12} 有利于叶酸的吸收，可多给宝宝吃一些富含维生素 B_{12} 的食物，如动物内脏、鱼肉、禽肉等。

记忆力差的宝宝

大脑需要充足的能量来维持正常的工作，一旦供给不足，便会出现问题，宝宝记忆力下降就是其中之一。因此，葡萄糖及其他必需的营养素（如必需脂肪酸、维生素等）都要定期定量地补充，以免导致宝宝记忆力越来越差。

饮食调理

宝宝记忆力差，饮食中应该增加营养型酵母、动物肝脏、新鲜蔬果、鱼肉、蛋奶等食物。另外，适量增加维生素 B_6 含量丰富的食物，有助于提高记忆力。

妈妈护理经

1　妈妈多与宝宝进行亲子互动，能有效提高宝宝的记忆力。

2　不要影响宝宝的情绪，使宝宝有一个良好的心情。

3　会导致记忆力下降的油炸、过甜的垃圾食品，不能给宝宝吃。

4　影响维生素 B_6 吸收的食物，如硼酸含量高的茄子、南瓜、萝卜等，不宜在吃富含维生素 B_6 食物的同时给宝宝吃。

第四章

0～3岁宝宝
健康功能食谱

健脑益智

具有健脑益智作用的营养素有很多种，常见的有以下几种：碳水化合物——分解出葡萄糖，为宝宝大脑提供能量；蛋白质、不饱和脂肪酸、维生素和钙——组成大脑神经细胞的重要营养物质，保证信息传递的畅通；卵磷脂、维生素B族、DHA、叶酸和矿物质——促进脑细胞和脑组织生长，增强宝宝的思维能力和记忆力。

饮食要点

1 营养要全面，饮食尽量多样化。

2 经常适量吃钙、蛋白质、维生素含量高的食物，给宝宝大脑补充足够的营养物质。

3 少吃或不吃含较多饱和脂肪酸的快餐食品，否则会阻碍宝宝大脑的发育，降低宝宝记忆力。

4 多摄取富含纤维素的蔬果，以促进人体新陈代谢，维持大脑正常的血液供应。

5 不要吃含糖量过高的食物，否则容易影响智力发育。

营养素搭配公式

叶酸 + 铁　　促进叶酸吸收

代表菜式：菠菜炒猪肝

喂养达人分享

　　杏仁、核桃、松子、榛子等坚果是很好的补脑食物，但不适合宝宝直接进食，尤其是1岁以下的宝宝，因此需要将这些食物用磨碎机磨成粉，然后配入三餐中喂给宝宝。

健脑益智宜吃的"明星"食物

金针菇　　鱼类　　　蛋黄　　　核桃

健脑益智宜吃的其他食物

大米、面粉、玉米及小米等谷类；黄豆、豆腐、黑豆等豆类及豆制品；豆油、香油、花生油等植物油；海带、紫菜及贝类等。

健脑益智忌吃食物

汉堡　　炸薯条　　炸鸡腿　　炸鱼

这些食物过氧化脂质含量很高，会影响宝宝大脑的发育，还会损害脑细胞。

吃饭香长得壮宝宝餐

黄鱼馅饼

材料 净黄鱼肉 50 克，牛奶 30 毫升，洋葱 20 克，鸡蛋 1 个。

调料 淀粉 10 克，植物油、盐各适量。

做法

1 黄鱼肉去刺剁成泥，装入碗中。洋葱洗净，切碎，放入鱼泥碗中。
2 鸡蛋打散，倒入鱼泥碗中，再加入牛奶、淀粉和盐搅拌均匀。
3 平底锅内加油烧热后，将鱼糊倒入锅中，煎至两面金黄即可。

促进
脑发育

开胃
健脑

蛋黄南瓜小米粥

材料 鸡蛋 1 个，南瓜、小米各 100 克。

做法

1 鸡蛋煮熟，取蛋黄碾碎。南瓜洗净，切块，隔水蒸熟，捣成泥。
2 锅中加水，煮小米粥。
3 粥熟后，加入蛋黄碎、南瓜泥，搅匀即可。

营养师点评

蛋黄有健脑作用，南瓜可以开胃，小米有助于睡眠，三者搭配，很适合宝宝食用。

双菇烩蛋黄

材料 金针菇、香菇各 50 克，鸡蛋 1 个。

调料 盐、香葱、姜、鸡汤各适量。

做法

1 金针菇切根，择洗干净。香菇洗净，切块。葱叶切小圈，姜切末。

2 将鸡蛋煮熟，取蛋黄，对半切成两块。

3 锅内加水烧开，倒入金针菇、香菇，稍氽烫。

4 另取锅，烧热放油，待油热后，煸香葱、姜，加适量鸡汤和盐。

5 放入金针菇、香菇和鸡蛋黄，炖 2 分钟即可。

营养师点评

金针菇含有丰富的氨基酸，能够促进宝宝智力发育。另外，金针菇还可调理口腔溃疡。

促进
智力发育

蓝莓酱核桃块

材料 核桃 50 克，魔芋粉小半勺（约 1.5 克），蓝莓果酱适量。

调料 糖适量。

做法

1 核桃洗净，提前泡透。蓝莓果酱稀释一下。

2 将核桃放入搅拌机，加水打成核桃露，加少许糖搅匀。

3 核桃露中加入魔芋粉，拌匀，放入锅中加热煮沸，倒入磨具定型后切块，淋上蓝莓酱即可。

营养师点评

蓝莓中富含花青素，能够很好地保护和提高宝宝的视力；核桃能够促进宝宝大脑的发育。

保护视力、
促进大脑
发育

糖醋带鱼

材料 带鱼 200 克。

调料 葱丝、姜丝、料酒、醋各 10 克，生抽、白糖各 5 克，盐适量。

做法

1 带鱼洗净，刮掉鱼鳞，切成 6 厘米左右的段，用姜丝和料酒腌渍 20 分钟，控去水分。

2 用料酒、生抽、白糖、醋、盐调成味汁。

3 锅内倒油烧热，下带鱼段小火煎至两面金黄。

4 放入葱丝、姜丝，倒入味汁，再加入适量清水大火烧开，收汁即可。

营养师点评

带鱼可以提供 DHA 和卵磷脂，为大脑细胞功能的运转提供营养支持。另外，带鱼中还含有一定量的硒，可清除自由基，减少细胞损伤。

补脑
开胃

健骨增高

　　宝宝健康成长，很重要的体现之一就是身高（长）的增长，即骨骼的发育。钙是骨骼及牙齿建造并维持强健的最重要的矿物质。其他物质，如蛋白质、磷、锌、脂肪酸（尤其是必需脂肪酸）及维生素（维生素 C、维生素 D、维生素 A）等，也是宝宝骨骼发育不可或缺的物质。

饮食要点

1　多吃钙、磷和蛋白质含量高的食物。
2　牛奶是宝宝不可缺少的食物。
3　适量吃些肉食。肉食含有促进骨骼发育的营养物质，如维生素、蛋白质、矿物质等。
4　水果、蔬菜中含有丰富的维生素、矿物质，能促进宝宝生长发育，对宝宝身体健康有益。
5　尽量不吃炸薯条、汉堡等垃圾食品，这些食物会影响其他营养物质的吸收，从而影响骨骼的健康发育，导致身高增长受阻。

营养素搭配公式

钙 + 维生素 D　　促进钙吸收

代表菜式：鲫鱼炖豆腐

喂养达人分享

　　奶制品含有脂肪酸，会影响钙的吸收，给婴儿补钙最好安排在每天两次喂奶之间。例如，上午 7 点喂第一次奶，11 点喂第二次奶，那么补钙的最佳时间应该在 9 点左右。

健骨增高宜吃的"明星"食物

鱼类　　　胡萝卜　　　豆腐　　　牛奶

健骨增高宜吃的其他食物

大豆、豆浆等豆类及豆制品；火龙果、苹果、猕猴桃、葡萄等水果；紫菜、裙带菜等藻类食物；动物肝脏、动物心脏等动物性食品。

健骨增高忌吃食物

菠菜　　　莴笋　　　苋菜　　　苦瓜

这些食物会影响钙、磷等矿物质的吸收，软化骨骼，不利于骨骼的正常发育。

虾仁鱼片炖豆腐

材料 鲜虾仁 100 克，鱼肉片 50 克，嫩豆腐 200 克，青菜心 100 克。

调料 植物油、盐、葱、生姜各适量。

做法

1 将虾仁、鱼肉片洗净。青菜心洗净，切段。嫩豆腐洗净，切成小块。葱、姜分别洗净，切末。

2 锅置火上，放入植物油烧热，下葱末、姜末炝锅，再下入青菜心稍炒，放入虾仁、鱼肉片、豆腐块和水稍炖一会儿，加入盐调味即可。

营养师点评

这道菜不但能补钙，还能健脾胃、增进食欲。

补钙
健脾胃

有助于视力发育

胡萝卜泥

材料 胡萝卜 50 克。

做法

1 胡萝卜洗净后去皮，再放入榨汁机中打成泥。

2 向胡萝卜泥中加少许水煮开即可。

营养师点评

胡萝卜中的类胡萝卜素很丰富，对促进宝宝视力、骨骼发育很有帮助。

火龙果牛奶

材料 火龙果半个，牛奶250毫升。

调料 白糖适量。

做法

1 火龙果取果肉。

2 将火龙果肉和牛奶一同倒入搅拌机，稍稍搅拌。

3 饮用前，加少许白糖即可。

营养师点评

牛奶富含蛋白质、维生素、钙、镁、硒等营养素，故其可以促进宝宝的身体和智力发育；火龙果含丰富的钙、磷、铁、胡萝卜素、花青素等，故其有保护眼睛、预防贫血和便秘等多种功效。

补锌
促进生长

美肤
润肠通便

水果杏仁豆腐羹

材料 西瓜、香瓜各40克，水蜜桃35克，杏仁豆腐50克。

调料 白糖少许。

做法

1 西瓜取果肉，去籽，切丁。香瓜洗净，去皮，切丁。水蜜桃洗净，切丁。

2 将杏仁豆腐切丁。

3 碗中倒入适量开水，加少许白糖调味晾凉。

4 向糖水中加入西瓜丁、香瓜丁、水蜜桃丁、杏仁豆腐丁即可。

营养师点评

这道菜羹能使宝宝皮肤健康有光泽，还有润肠通便、促进骨骼生长的作用。

黄瓜腰果炒牛肉

材料 牛肉100克，腰果20克，黄瓜80克，洋葱
30克。

调料 酱油、姜汁、蒜末、植物油各适量，盐1克。

做法

1 牛肉洗净，切丁，用酱油、姜汁抓匀，腌渍30
分钟。黄瓜、洋葱洗净，切丁。

2 锅内倒油烧热，炒香蒜末，放入牛
肉丁翻炒，放入洋葱丁、黄瓜丁煸
炒，倒入腰果，加盐调味即可。

营养师点评

这道菜含有锌、铁和优质蛋白质，可以
促进骨骼生长，预防贫血。

促进
发育

健脾和胃

古语讲脾胃能"运化水谷"，即消化食物并吸收其中的营养，然后供给身体利用。脾胃功能强，身体的抵抗力就强，能保证宝宝有充足的营养供应，且不易生病。维生素 A 可参与糖蛋白的合成，糖蛋白对于胃肠上皮的正常形成、发育与维护有支持作用，对胃黏膜有保护作用。维生素 U（卷心菜、白菜、甘蓝等中含量较高）能够抑制和修复胃溃疡。

饮食要点

1 饮食规律。
2 睡前适量喝温牛奶，对胃有保护作用。
3 宜吃性平、味甘或甘温的食物，如红薯等。
4 喂宝宝时不能太快，要让宝宝充分咀嚼。
5 不吃太硬、辛辣刺激的食物。
6 不吃性冷寒凉的食品，如雪糕等。
7 不宜吃太油腻的食物，这些食物不但不易消化，还会导致宝宝体内肠道菌群的改变，不利于有益菌的生长，对胃肠不利。

营养素搭配公式

维生素 E+ 维生素 A		促进维生素 A 吸收

代表菜式：木瓜炖牛奶

喂养达人分享

煮粥时，可将菠菜、卷心菜、荠菜等青菜切碎与米粥一同煮，做成不同味道的菜粥给宝宝吃，不但可以促进宝宝肠胃的蠕动，加强宝宝的消化功能，还可避免给宝宝的肠胃带来负担，保护宝宝的脾胃健康。

健脾和胃宜吃的"明星"食物

红枣	鲫鱼	红小豆	山药

健脾和胃宜吃的其他食物

小米、荞麦、花生等谷物粗粮类；胡萝卜、白萝卜、红薯、南瓜等蔬菜类；苹果、桂圆、香蕉、梨、蓝莓、葡萄等水果类；牛肉、鲈鱼、鸡蛋、牛奶等肉蛋奶类。

健脾和胃忌吃食物

油炸食品	辣椒	咖啡	浓茶

这些食物刺激性较强，不利于养胃，甚至会导致胃黏膜受损。

红枣炖兔肉

材料 兔肉 200 克，红枣 9 颗。

调料 生姜、葱、白糖各适量。

做法

1 红枣洗净，去核。葱洗净，切段。姜洗净，切片。兔肉洗净，切块。

2 将兔肉放入炖锅内，放入姜片、葱段、红枣及白糖，加水 2500 毫升，将锅置于大火上烧沸，再用小火炖煮 1 小时即可。

营养师点评

红枣能养血、补脾、和胃，兔肉可补中益气、活血滋阴。

补脾和胃
养血益气

补中
益气

鲫鱼红豆汤

材料 鲫鱼肉 200 克，红豆 50 克。

调料 葱段、姜片、料酒、盐各适量。

做法

1 鲫鱼肉洗净，用料酒腌制 10 分钟。红豆洗净。

2 红豆放入锅内，加水，大火煮开后改用小火。

3 煮至红豆七成熟时，加入鲫鱼肉、葱段、姜片，大火煮开后，换小火煮 30 分钟。

4 加入适量盐调味，即可关火。

营养师点评

鲫鱼有补中益气的功效，红豆有补气养血、健脾的功效，二者同食可使补气效果更佳。

凉拌四丝

材料 黄瓜 50 克，豆腐皮、白菜、胡萝卜各 40 克。

调料 盐 1 克，生抽、醋各 3 克，蒜末、香油各适量。

做法

1 豆腐皮切丝。胡萝卜、黄瓜、白菜洗净，切丝，焯熟。

2 将所有食材放盘中，加生抽、醋、盐、蒜末拌匀，
淋上香油即可。

营养师点评

这道菜富含膳食纤维、维生素 C、胡萝卜素等，能增强食欲，助力儿童成长。

开胃
通便

荷兰豆拌鸡丝

材料 鸡胸肉 50 克，荷兰豆 60 克。

调料 蒜蓉 10 克，盐 1 克，橄榄油 3 克。

做法

1　鸡胸肉洗净，煮熟冷却，撕成细丝。荷兰豆洗净，放入沸水中焯熟，切丝备用。

2　将鸡丝、荷兰豆丝放入盘中，加入蒜蓉、盐、橄榄油拌匀即可。

营养师点评

鸡胸肉富含优质蛋白质，低脂、低糖；荷兰豆富含维生素 C、维生素 B 族。二者搭配做成凉拌菜，营养互补，可以增进食欲，促进大脑发育。

健脑
开胃

增强免疫力

与人体免疫相关的主要营养素有维生素 A、维生素 C，以及铁、锌、硒等元素。维生素 A 促进糖蛋白合成，糖蛋白是细胞膜和免疫球蛋白的组成成分。维生素 A 摄入不足，呼吸道上皮细胞就缺乏抵抗力，容易患病。体内维生素 C 减少，白细胞的抵抗力也随之减弱，人体易患病。

饮食要点

1　营养全面，饮食多样化。
2　多给宝宝吃富含锌、硒等营养素的食物。
3　鼓励宝宝多喝水，以白开水为佳。
4　多吃富含蛋白质的食物，如瘦肉、蛋、奶类，这些食物可以提高宝宝的免疫力。
5　铁同样可以增强免疫力，可以给宝宝适量添加富含铁的食物。
6　引导宝宝少吃各种油炸、熏烤、过甜的食品。
7　常吃新鲜的蔬菜和水果。

营养素搭配公式

硒 + 维生素 E	✓	促进硒吸收

代表菜式：番茄烧豆腐

喂养达人分享

　宝宝的饮食宜多样化、易消化且营养充足。另外，要防止宝宝养成偏食、挑食等不良的习惯，

爸爸妈妈们可通过改变食物的色、香、味来提高宝宝的食欲，以增强宝宝免疫力。

增强免疫力宜吃的"明星"食物

| 香菇 | 西蓝花 | 鱼类 | 黑芝麻 |

增强免疫力宜吃的其他食物

海参、牛奶、鸡蛋、里脊肉、鸡胸肉、豆腐等高蛋白食物；三文鱼、金枪鱼、鲅鱼、刀鱼等鱼类；草莓、蓝莓等水果类；腰果、核桃、橄榄油等脂肪类食物。

增强免疫力忌吃食物

| 油炸食品 | 奶油 | 烧烤 |

这些食物影响食欲，导致免疫力下降，宝宝常吃则容易生病。

香菇蒸蛋

材料 鸡蛋1个，干香菇2朵。

调料 盐2克。

做法

1 将干香菇泡发，沥干，去蒂，切成细丝。

2 鸡蛋打散，加适量水和香菇丝并搅匀，加少许盐调味。

3 放入蒸锅中，蒸8～10分钟即可。

营养师点评

干香菇富含硒元素，对提高宝宝免疫力有很大的帮助。鸡蛋可以帮助补充营养。

提高宝宝免疫力

增强宝宝抵抗力

西蓝花香蛋豆腐

材料 西蓝花1个，熟咸鸡蛋1个，鲜香菇100克，豆腐1块，高汤适量。

做法

1 西蓝花洗净，切小朵。香菇洗净，切块。咸蛋剥壳，切碎蛋白，碾碎蛋黄。豆腐冲净，切块。

2 锅中加水煮沸，加高汤、西蓝花、香菇和咸蛋煮开，然后继续煮10分钟。

3 放入豆腐，煮开即可。

营养师点评

这道菜富含维生素A、维生素C、铁、锌等物质，能增强宝宝免疫力，防止皮肤干燥。

怀山百合鲈鱼汤

材料 鲈鱼1条，怀山药20克，干百合15克。

调料 枸杞子、姜片、盐、料酒各适量。

做法

1 百合浸泡20分钟。怀山药、枸杞子洗净。鲈鱼去鳞，洗净，切块。

2 砂锅内加水煮开，放入怀山药、百合，小火煮10分钟。

3 将姜片、枸杞子、鲈鱼块放入砂锅，小火炖30分钟。

4 出锅前，加盐、料酒调味即可。

营养师点评

鲈鱼能益脾胃、补肝肾，治疗消化不良等，怀山药也有补脾养胃、生津益肺的功效。

补脾
利胃

润肺
止咳

黑芝麻杏仁蜜

材料 黑芝麻200克，甜杏仁50克。

调料 白糖、蜂蜜各50克。

做法

1 黑芝麻炒香，研碎成末。甜杏仁捣成泥。

2 取一瓷盆，放入黑芝麻末、杏仁泥和调料，将瓷盆放入锅内，隔水蒸2个小时。

3 取2匙，配以温开水饮用即可。

营养师点评

经常给宝宝饮用黑芝麻杏仁蜜，能够起到润肺止咳的作用，对宝宝肺、肝及肾脏都有很好的补益作用。

番茄鲈鱼

材料 鲈鱼 150 克，番茄 100 克。

调料 葱段、姜片、蒜片、料酒各适量，番茄酱 10 克，盐 2 克。

做法

1 鲈鱼处理干净，取鱼肉，切成薄片，加入料酒、盐、姜片腌渍 10 分钟。番茄洗净，去皮，切小丁。

2 锅内倒油烧热，爆香蒜片，下入番茄丁，大火翻炒至番茄丁出浓汁，下入番茄酱，加入适量开水。

3 大火煮开后，快速下入鱼片煮熟，加盐调味，撒葱段即可。

营养师点评

鲈鱼营养丰富，且肉质细嫩、刺少，搭配富含胡萝卜素的番茄，能促进营养吸收，提高身体抗病能力。

促进身体发育

排毒利便

绿色食物被称为人体的"排毒剂"，含有丰富的膳食纤维、维生素 A、维生素 B 族、维生素 C、烟酸等，能够保护肝脏，促进食物的消化。膳食纤维——"血液净化剂""胃肠清道夫"，能够帮助机体清除肠壁上的废物。维生素 A、维生素 C 等能够帮助机体顺利排毒，让身体轻盈。烟酸能促进机体新陈代谢，增强解毒功能。

饮食要点

1 饮食宜清淡、易消化。
2 多吃富含膳食纤维的食物，促进胃肠蠕动。
3 适当多食蔬菜水果，这类食物不易在体内堆积。
4 多喝水，促进尿液排泄。
5 少吃胆固醇含量高的食物。
6 给宝宝多吃一些利于肠道的食物，如酸奶等。
7 油炸食品不能多吃，不但不利于排毒，而且本身就会产生很多"毒素"。

营养素搭配公式

维生素 B_1＋ 维生素 B_2＋ 维生素 B_6 维生素 B 族最合适的搭配

代表菜式：鲫鱼炖豆腐

喂养达人分享

　　妈妈尽量不要给宝宝吃膨化食品。膨化食品含有大量的人工色素、糖精，以及铝、铅等物质，这些物质会导致宝宝认知障碍、发育迟缓、神经系统损害等，且这些物质会在宝宝体内形成废物聚积，不易排出，从而对宝宝产生更多的危害。另外，一些碳酸饮料，如可乐、雪碧等，也不要给宝宝喝。

排毒利便宜吃的"明星"食物

红薯　　　大白菜　　　绿豆　　　黑木耳

排毒利便宜吃的其他食物

燕麦、玉米、山药、小米等谷薯类；芹菜、白菜、南瓜等蔬菜；柠檬、荔枝、葡萄、苹果等水果。

排毒利便忌吃食物

方便面　　　烤鸭　　　炸鸡腿

这些食物中脂肪含量高，易积聚在宝宝体内，不容易排出体外，不利于宝宝的代谢。

绿豆银耳羹

材料 银耳 30 克，绿豆 100 克。

调料 冰糖、枸杞子各适量。

做法

1 银耳洗净，泡开，撕成小朵。绿豆提前泡发，洗净。枸杞子洗净。

2 锅中加水，放入泡好的绿豆、银耳，大火烧开后转小火。

3 炖 20 分钟后，加少许冰糖熬化，撒上枸杞子即可。

营养师点评

这道菜对于气血不足、脾胃虚弱、食少乏力的宝宝有很大的补益作用。

补气血
健脾胃

防止宝宝
便秘

白菜冬瓜汤

材料 小白菜 50 克，冬瓜 150 克。

调料 盐 2 克。

做法

1 小白菜洗净，去根，切小段。冬瓜去皮、瓤，洗净，切小块。

2 锅中加适量清水烧开，放入冬瓜块，小火煮 5 分钟左右。

3 放入小白菜段煮熟，加盐调味即可。

营养师点评

小白菜中富含膳食纤维，可帮助宝宝消化食物，促进胃肠蠕动，调理便秘。

木耳青菜鸡蛋汤

材料 新鲜青菜 100 克，木耳少量，鸡蛋 1 个。

调料 盐、香油各适量。

做法

1 青菜洗净。木耳提前泡发。鸡蛋打散。

2 锅中加水，置火上大火烧开。

3 加入青菜、木耳烧开，然后倒入鸡蛋液，边倒边搅拌。

4 加入适量盐，关火，淋适量香油即可。

营养师点评

木耳、青菜都含有较为丰富的纤维素，该汤能够促进宝宝体内废物的排出，还能预防宝宝便秘。

促排毒
防便秘

香蕉泥拌红薯

材料 红薯 80 克，香蕉 30 克，原味酸奶半杯。

做法

1 红薯洗净，加适量清水煮熟，去皮切成小方块。香蕉用勺子压成泥。

2 将香蕉泥和原味酸奶拌匀，红薯块盛在盘中，倒上香蕉泥拌匀即可。

营养师点评

红薯、香蕉与酸奶三者搭配给宝宝食用，可以增强宝宝的食欲，促进肠蠕动，润肠通便，并能为宝宝的大脑发育提供能量。

增强
食欲

水果杏仁豆腐

材料 西瓜、香瓜、猕猴桃各30克，杏仁豆腐60克，牛奶100毫升。

做法

1 香瓜洗净，去皮及籽，切小块。西瓜取果肉，去籽，切小块。猕猴桃去皮，切小块。杏仁豆腐切小块。

2 将切好的水果块和杏仁豆腐放入碗中，加入牛奶即可。

营养师点评

这道菜含有维生素C、卵磷脂、膳食纤维等营养物质，不仅能缓解便秘、护眼健脑，还能清热消暑。

清热
通便

明目护眼

与明目护眼相关的营养素有维生素 A、维生素 C、维生素 E。维生素 A 对于保护视网膜的健康至关重要。维生素 C 可以帮助调节眼内压力，预防视网膜剥离，并减轻眼睛炎症及晶状体变性。维生素 E 有助于缓解眼疲劳，增强眼部血液循环，减轻眼睛疲劳感。

饮食要点

1 营养要均衡。
2 多吃维生素含量丰富的食物。
3 适当多吃蛋白质和纤维素含量丰富的食物。
4 少吃含糖量过高的食物，避免造成血钙降低，影响眼球壁的坚韧度。
5 眼睛喜凉，不能过多吃温热、油腻的食物。
6 不能吃辛辣刺激的食物。

营养素搭配公式

β－胡萝卜素＋脂肪 促进 β－胡萝卜素转化成维生素 A

代表菜式：胡萝卜炖羊肉

喂养达人分享

　　三餐中要多给孩子吃一些富含叶黄素和维生素 A 的食物。叶黄素是类胡萝卜素中的一员，在保护眼睛方面好处多多。

明目护眼宜吃的"明星"食物

| 蛋黄 | 牛肉 | 西蓝花 | 猪肝 |

明目护眼宜吃的其他食物

韭菜、菠菜、胡萝卜、西蓝花等蔬菜；杏、枣、西瓜、梨、桑葚等水果；小米、小麦、薏米、荞麦等谷类；鱼肉、鸡肉、牛肉等肉类。

明目护眼忌吃食物

| 大蒜 | 大葱 | 洋葱 |

辛辣的食物能够伤人气血，损目伤脑。

番茄蛋黄粥

材料 番茄 70 克，鸡蛋 1 个，大米 50 克。

做法

1 番茄去皮，捣成泥。将鸡蛋的蛋黄与蛋清分开，调好。

2 锅置火上，放入适量水，放入大米煮粥。

3 粥熟后，加入番茄泥稍煮，倒入蛋黄液，迅速搅拌，再煮一会儿即可。

营养师点评

蛋黄中含有丰富的维生素 A、维生素 D，能保护宝宝视力。番茄中含有丰富的番茄红素，能够保护宝宝视网膜的健康。

预防视力
下降

保护宝宝
视力

糖醋肝条

材料 鲜猪肝 50 克，青椒 50 克。

调料 植物油、葱段、姜片、酱油、料酒、盐、白糖、番茄酱、醋、干淀粉、水淀粉各适量。

做法

1 将鲜猪肝洗净，切条，用干淀粉拌匀。青椒洗净，切条。

2 锅中倒油烧热，放入猪肝条炒透后放青椒条翻炒片刻，捞出沥油。

3 锅留余油，爆香葱段、姜片，再放水、酱油、料酒、白糖、番茄酱煮沸，下入猪肝条、青椒条、醋和盐，熟后用水淀粉勾芡即可。

营养师点评

猪肝中含丰富的维生素 A，青椒中含丰富的维生素 C，二者搭配食用，对保护视力有很大帮助。

南瓜鲈鱼羹

材料 鲈鱼 250 克，南瓜 100 克。

调料 料酒 5 克，盐 1 克，生抽适量。

做法

1 鲈鱼处理干净，去骨取肉，切丁，加料酒腌渍 10 分钟。南瓜去皮及瓤，洗净，切丁。

2 锅内倒油烧热，放入鱼丁煸炒，放入南瓜丁，加生抽、适量水大火烧开，转中火煮 15 分钟至呈黏稠状，加盐调味即可。

营养师点评

鲈鱼富含蛋白质、硒等营养物质，搭配富含钾和胡萝卜素的南瓜，对促进大脑发育、保护视力等有益。

护眼

双色鸡肉丸

材料 鸡胸肉100克，胡萝卜、菠菜各50克。

调料 盐1克，淀粉、柠檬汁各适量。

做法

1 胡萝卜洗净，去皮，切块，蒸熟，压成泥。菠菜洗净，焯烫后切段，放入料理机中，加适量饮用水搅打成泥。

2 鸡胸肉洗净，切小块，加盐、柠檬汁腌渍10分钟，放入料理机中打成泥，均匀分成两份。

3 将胡萝卜泥和一份鸡肉泥、适量淀粉搅匀至上劲，挤成丸子。将菠菜泥和剩下的一份鸡肉泥、适量淀粉搅匀至上劲，挤成丸子。

4 锅内倒适量水烧开，放入挤好的丸子煮熟即可。

营养师点评

鸡肉富含烟酸、蛋白质等，常食可促进生长，搭配胡萝卜和菠菜，还能保护视力。

明目

乌发
护发

优质蛋白质、维生素 C、维生素 E 和维生素 B 族是养护头发的基本营养素。铜是头发合成黑色素必不可少的元素，锌在抗衰老及毛发美化方面也起重要作用，铁是构成血红蛋白的主要元素，血液是养发的根本。此外，酪氨酸、泛酸、碘等也有维持头发健康的作用。

饮食要点

1 多给宝宝吃富含蛋白质的食物，如豆类、蛋类等，促进头发生长。

2 吃些富含维生素 B 族、维生素 C 的食物，可使头发呈现自然的光泽，同时有利于头发的生长。

3 妈妈们要适当给宝宝添加富含碘的食物，如海带、紫菜等。

4 多让宝宝吃碱性食物，如芹菜、白菜、柑橘等，中和体内的酸性物质，可以改善宝宝头发发黄的情况。

营养素搭配公式

铁 + 维生素 C 促进铁吸收

代表菜式：小白菜猪肉丸汤

喂养达人分享

日常的饮食中，妈妈们要保证蛋、奶、鱼肉、虾、豆制品、蔬果等各种食物的合理摄取与科学搭配，比如可以选择给头发黄的宝宝喝加锌奶粉，但不能一味地补充某一种或几种对头发好的食物。

乌发护发宜吃的"明星"食物

黑芝麻　　鱼类　　海带　　核桃

乌发护发宜吃的其他食物

红枣、红豆、枸杞子、黑豆、黑芝麻、黑木耳，以及鸡肝、猪肝和鹅肝等。

乌发护发忌吃食物

糕点　　汉堡　　碳酸饮料　　冰激凌

这些食物会影响头发生长，导致头发卷曲或变白、头屑增多、掉发断发等现象。

核桃莴笋

材料 莴笋 100 克，核桃仁 50 克。

调料 鸡汤 300 克，盐、香油各少许。

做法

1 莴笋去皮，洗净，切长段，挖空 2/3。核桃仁炒熟，盛出，碾碎。

2 锅内倒鸡汤烧开，加盐、莴笋段煮熟，捞出沥干。

3 将莴笋段挖空处填入核桃碎，淋上香油即可。

营养师点评

这道菜能帮助孩子补脑益智、养发护发、保护视力、维护心脏健康。

健脑
护发

三文鱼肉松

材料 三文鱼 200 克，柠檬 30 克。

调料 植物油适量。

做法

1 三文鱼洗净，切薄片，装盘。柠檬洗净，挤出柠檬汁淋在三文鱼片上，腌渍 15 分钟。

2 平底锅倒油烧热，放三文鱼片煎至两面金黄，盛出，晾凉后装入食品袋中，用擀面杖碾碎。

3 把碾碎的三文鱼放入锅中炒干，放入料理机中打碎，晾凉后装罐密封，随取随吃即可。

营养师点评

三文鱼富含 DHA 和优质蛋白质，可促进大脑发育，还能改善发质。三文鱼肉软无刺，适合小孩子食用。

健脑
护发

三彩虾球

材料 虾仁 150 克，水发木耳、圣女果、西蓝花各 50 克，面粉适量。

做法

1 虾仁洗净，打成泥。水发木耳洗净，切碎。圣女果洗净，切小块，打成泥。西蓝花切小朵，洗净，打成泥。

2 将虾肉泥分成三份，分别与木耳碎、圣女果泥、西蓝花泥搅匀后加适量面粉搅拌上劲，挤成虾球。

3 锅内倒入清水烧开，放入虾球大火煮开，转小火保持微沸，煮至虾球变白浮起即可。

营养师点评

这道菜富含蛋白质、钙、硒、胡萝卜素，能为儿童骨骼发育提供原料，助力骨骼生长，并促进大脑细胞健康发育、增加头发光泽。

健脑
乌发

清热祛火

柠檬酸、维生素 B_1、维生素 B_2、维生素 C，以及纤维素、钾等，可以帮助人体降燥、清凉、解热。

饮食要点

1 合理饮食，营养全面。
2 饮食宜清淡，宜吃富含维生素 B_6 的食物，如马铃薯、牛肝、动物肾脏、香蕉等。
3 多食能清热解毒的食物，如冬瓜、苦瓜、梨、猕猴桃等。
4 多喝水或富含营养的汤汁。
5 不能给宝宝吃温热性质的食物。
6 忌给宝宝喂油腻、辛辣刺激的食物。

营养素搭配公式

钙 + 钾 促进钠排出

代表菜式：薏米冬瓜汤

喂养达人分享

　　宝宝若饮食不合理，易引起上火；宝宝进食太少，会使大便减少，从而使得宝宝肌肉力量弱，引发便秘，这也是导致宝宝易上火的原因。

妈妈们在平时的饮食中应保证宝宝饮食的全面性、合理性，避免宝宝偏食、挑食等。

清热祛火宜吃的"明星"食物

绿豆　　　西瓜　　　苦瓜　　　荸荠

清热祛火宜吃的其他食物

动物肝脏、瘦肉、蛋类、奶类、豆类、虾蟹、核桃、黑木耳、黑豆、黑枣等。

清热祛火忌吃食物

油炸食品　　辣椒　　　杏　　　荔枝

这些食物性偏温热，会导致宝宝出现烦躁，加重上火症状。

银耳莲子绿豆羹

材料 莲子、绿豆、水发银耳各 10 克。

调料 冰糖、枸杞子各少许。

做法

1 莲子、绿豆洗净，煮熟，捞出豆皮。

2 银耳洗净，撕碎，放入煮好的莲子和绿豆中，中火煮 10 分钟左右，银耳将溶化时加入冰糖和枸杞子稍煮即可。

营养师点评

银耳、莲子和绿豆搭配，具有较好的清热解毒功效。

清热解毒

清热解毒

苦瓜蛋花汤

材料 苦瓜半个，鸡蛋 2 个。

调料 盐、生抽各适量。

做法

1 苦瓜去籽，洗净，用少量盐腌 2 分钟。鸡蛋打散成蛋液。

2 锅内加水，大火烧开，放入苦瓜，小火煮沸。

3 将鸡蛋液倒入锅内，搅拌均匀，加适量食盐、生抽调味即可。

营养师点评

苦瓜有清热解毒的功效，搭配鸡蛋食用，还可以补充蛋白质、钙等营养物质。

芹菜拌腐竹

材料 水发腐竹200克，芹菜100克，胡萝卜50克，熟白芝麻少许。

调料 盐1克，香油适量。

做法

1 水发腐竹洗净，切段。芹菜洗净，切段。胡萝卜洗净，切丁。

2 将水发腐竹段、芹菜段、胡萝卜丁依次焯水后放盘中，加入熟白芝麻、盐拌匀，淋上香油即可。

营养师点评

这道菜富含膳食纤维、胡萝卜素、蛋白质、钙等，能帮助稳定情绪、增强食欲。

清心
安神

苦瓜煎蛋

材料 鸡蛋1个，苦瓜150克。

调料 葱末、盐、胡椒粉各适量。

做法

1 苦瓜洗净，去籽，切丁，焯水。鸡蛋打散。将苦瓜丁和鸡蛋液混匀，加葱末、盐和胡椒粉搅拌均匀。

2 锅内倒油烧至六成热，倒入调好的蛋液，煎至两面金黄即可。

营养师点评

这道菜含有维生素C、钾、卵磷脂、优质蛋白质等，能开胃促食、滋阴润燥。

健胃
润燥

桃仁荸荠玉米

材料 荸荠 100 克，玉米粒 50 克，核桃仁 20 克，青椒、红椒各 10 克。

调料 葱末、姜末、蒜末各 3 克，盐 1 克。

做法

1 荸荠去皮，洗净，切小块。玉米粒洗净，焯熟捞出。核桃仁切小块。青椒、红椒洗净，去蒂及籽，切丁。

2 锅内倒油烧热，炒香葱末、姜末、蒜末，放入荸荠块翻炒，加入青椒丁、红椒丁、玉米粒、核桃仁翻炒至熟，加盐调味即可。

营养师点评

这道菜富含锌、维生素 C、胡萝卜素、膳食纤维、不饱和脂肪酸等，能补充大脑所需营养，具有生津止渴的功效。

健脑
清热

如何增强宝宝体质

均衡饮食

均衡饮食不单纯是为了补充营养，还有一个很重要的作用，就是抵抗疾病，无论疾病来自自身还是外界。而饮食对于增强宝贝的抵抗力而言，其重要性是不言而喻的。那么，宝宝平时的饮食应该如何选择呢？

首先，应多给宝宝吃一些维生素含量丰富的食物，如新鲜的绿色蔬菜、水果、豆制品及粗粮等，这些食物所含的维生素不仅较全面，而且量较多，对增强宝宝免疫力至关重要。同时，爸爸妈妈们还要多给宝宝补充含无机盐的食物，常见的有胡萝卜、山芋、大白菜、青菜、百合及藕等。无机盐是身体生长发育不可缺少的物质，充足摄入可使宝宝强健，抵抗力也可大大提高，而且经常摄取这些食物，可以使宝宝自身的产热功能增强，增强耐寒能力。

当然，蛋白质、膳食纤维、碳水化合物等也是不可或缺的营养物质，爸爸妈妈要合理搭配宝宝的饮食，使宝宝有一个强壮的身体，从而少生病。

多给宝宝喝白开水

水是人体最重要的成分，婴幼儿体内所含的水分较成人更高。当然，由于体表面积与体重比例较成人更高，宝宝因蒸散而流失的水分也更多，因此宝宝更需要补充水分。

多喝水可以保持黏膜湿润，有助于抵挡细菌的入侵，还可加速血液流动，防止血液黏稠，有利于宝宝体内毒素的排泄。喝水不仅能加快宝宝的新陈代谢，还有助于提高宝宝的免疫力。注意，要喝白开水，各种含糖饮料不宜给宝宝喝。

及时预防接种

接种疫苗是抵御传染病的积极措施，要及时给宝宝接种卡介苗、百白破疫苗、乙型脑炎疫苗等。当然，在宝宝打防疫针之前，爸爸妈妈要注意给宝宝洗澡，换上干净的衣服，向医生说清宝宝的健康状况，以便医生判断有无接种的禁忌证。

适当活动，合理起居

宝宝正处于生长发育旺盛的阶段，爸爸妈妈们不要忘了带宝宝出去活动活动。活动对宝宝的骨骼发育，以及协调性、免疫力、想象力等各个方面的发展都有促进作用。对于还不能独立行走的宝宝，爸爸妈妈们可以抱着宝宝晒晒太阳，或牵着宝宝的小手，在环境好的场地练习；对于能独立行走的宝宝，可适当加大其活动的范围，增加活动的时长（比如从15分钟增加到40分钟）。这对改善宝宝体质有很好的效果。

需要注意的是，活动时要注意宝宝的安全。风较大、有沙尘的天气不适合外出活动，太阳光较强时，要给宝宝做好防晒的准备。

当然，除了以上提到的方法之外，一些日常的习惯也可以帮助宝宝改善体质。宝宝平时穿衣要适宜，以不出汗、手脚温热为度。妈妈们不能自己觉得冷，就给宝宝穿得特别多，自己怕热，就给宝宝穿得很少，这是非常不合适的。家长若怕孩子受凉感冒而给宝宝穿得过多，会使宝宝活动后出汗增多，如果不能及时换衣服，更容易导致宝宝感冒。

另外，经常开窗换气，保持室内空气流通，对预防宝宝感冒、提高抗病能力等有很大的帮助。例如，每天至少开窗通风2次，每次20分钟，能减少呼吸道感染机会，但要注意不能直吹宝宝。室内温度应该保持在20℃左右，湿度以50%~60%为佳。

睡眠充足

良好的睡眠不仅能促进营养的吸收、身体的生长发育，还可以改善体质、提高免疫力。0~3个月的宝宝每天应有16~20小时的睡眠时间，3~6个月为15小时左右，6个月~1岁为14小时左右，1~3岁为12小时左右。妈妈们可以通过以下途径，让宝宝拥有安心、良好的睡眠。

妈妈的抚慰

有时宝宝到了该睡觉的时候却没有睡意，很闹，妈妈应将周围的光线调暗，声音降到最低，将宝宝抱在怀里，或躺下让宝宝趴在自己的胸口上，这能帮助宝宝很快入睡。

适宜的环境

适合宝宝睡觉的室温在20~25℃，可避免宝宝着凉。秋冬季节要避免室内干燥，适当增加空气的湿度。有些宝宝较敏感，有轻微的动静就会醒，妈妈可拉上窗帘，关掉家电，以免光线和声响影响宝宝睡眠。

第五章

0～3岁宝宝
四季营养餐

春季

春天天气转暖，气温回升，万物复苏，人体的新陈代谢也随之活跃起来。此时是宝宝骨骼生长的黄金季节，除此之外，宝宝身体其他方面的生长发育也较快，对各种营养素的需求也大大增加，因此宝宝春天的饮食应营养全面。另外，宝宝在春季体内阳气较盛，肝火旺盛，因此在春季对肝脏的养护显得格外重要。

营养调理关键词：养肝护肝

春天是万物复苏的季节，自然界中阳气开始升发，草木在春季萌发、生长。中医学认为，肝脏与草木相似，在春季功能最为活跃，人体的阳气也在向上向外疏发。因此，春季的养生应以养肝护肝为主，要注意调养体内的阳气，多吃一些温阳的食物。

必需营养素：维生素 A、维生素 C、维生素 E

3 种维生素能够提高宝宝的免疫力，减少春季感冒的发生；能改善体质，减少春季过敏症状的发生。

春日健康味道：酸味

酸味是春季的健康味道。

饮食要点

1 春季给宝宝的饮食以清淡为好，防止宝宝肝火旺盛。

2 春季是宝宝生长发育的好时节，为宝宝补充充足的钙，可促进宝宝健康、快速成长。

3 春季宝宝容易出现过敏症状，妈妈们在选择宝宝的食物时，对一些容易引起过敏的食物要格外当心，如虾、蟹、鱼类、坚果等。

宜吃的"明星"食物

| 红枣 | 蜂蜜 | 菠菜 | 韭菜 |

不宜吃的食物

| 虾 | 蟹 | 香菜 | 芹菜 |

这些食物通常容易引起过敏，宝宝不宜食用，特别是患有湿疹、哮喘的宝宝更不能吃。

红豆花生大枣粥

材料 大米、红小豆、花生仁各 30 克，红枣 15 克。

调料 红糖适量。

做法

1 红小豆、花生仁洗净，用冷水浸泡 4 小时。红枣洗净，剔去枣核。

2 大米淘洗干净，用冷水浸泡 30 分钟，捞出，沥干水分。

3 锅置火上，加入冷水，放入红小豆、花生仁、红枣，大火煮沸后，放入大米，再改用小火慢熬至粥成，以红糖调味即可。

利尿和胃养血

调理感冒

蜂蜜金橘饮

材料 金橘 300 克，蜂蜜 200 克。

调料 冰糖、柠檬汁各适量。

做法

1 将金橘去蒂，洗净，温水浸泡 30 分钟。

2 取出金橘，洗净，沥干，对半切开，去籽，放入搅拌机打成泥。

3 向金橘泥中加适量冰糖，一同倒入锅中，大火煮。

4 冰糖溶化后，用小火煮 30 分钟，倒入柠檬汁煮至变稠关火，待凉后，加入蜂蜜混合均匀即可。

营养师点评

金橘能增强宝宝抵抗力，调理感冒。

韭菜烩鸭血

材料 鸭血、韭菜各 100 克。

调料 盐、香油、胡椒粉各适量。

做法

1 韭菜择洗干净，切段。鸭血洗净后切片，用开水焯一下。

2 砂锅加水，放入韭菜段和鸭血片，烧开，最后加入调料再煲 5 分钟即可。

营养师点评

鸭血中铁、钙含量较丰富，有补血解毒的作用，而韭菜能促进宝宝胃肠蠕动、增进宝宝食欲。

补血解毒
增进食欲

促进宝宝
脑神经发育

蛋黄菠菜泥

材料 菠菜 20 克，鸡蛋 1 个。

做法

1 菠菜洗净，放入沸水中焯一下，捞出切末。

2 用蛋清分离器把蛋黄分离出来，将蛋黄放在碗里打散备用。

3 奶锅中加少许水烧开，放入菠菜煮熟煮软，然后加蛋黄边煮边搅拌，煮沸即可。

营养师点评

菠菜中富含叶酸，有助于宝宝脑神经的发育；蛋黄富含卵磷脂，对宝宝智力发育有很大的促进作用。

什锦烩面

材料 鲜香菇、虾仁、胡萝卜、黄瓜、玉米粒各30克，手擀面100克。

调料 姜末、生抽、香油各少许。

做法

1 鲜香菇洗净，切丁。虾仁洗净，去虾线。胡萝卜、黄瓜分别洗净，切丁。玉米粒洗净。

2 锅内倒油烧热，放入姜末炒香，放入香菇丁、胡萝卜丁、黄瓜丁、虾仁和玉米粒翻炒至熟，加适量水煮开。

3 将手擀面放入锅中煮熟，加生抽、香油调味即可。

营养师点评

什锦烩面含有钙、锌、维生素D、维生素C、玉米黄素等，营养均衡，能促进身体发育，特别适合在春天食用。

健骨
增高

夏季

夏日天气炎热，会影响宝宝的食欲，宝宝多少会有些食欲不好，没有胃口。另外，在夏季，宝宝的肠胃比较脆弱，容易出现消化不良，影响宝宝的营养吸收。如何安排宝宝的夏季饮食，帮助宝宝打开食欲是宝宝夏季饮食的重点，首先要保证充足的营养补充，在此基础上，再为宝宝设计清淡易消化的食谱。

营养调理关键词：养心健脾

中医学认为，夏季与五脏的心相对应，天气炎热，出汗较多，易耗伤心气，所以夏季要重视养心。另外，夏季潮湿多雨，与五脏之脾对应，而脾喜燥恶湿，此时最容易伤脾，所以夏季养生还应重视健脾。

必需营养素：钾、钠

可补充宝宝因出汗从体内流失的钾、钠元素。

夏日健康味道：苦味

苦味是夏季的健康味道。

饮食要点

1 适当给宝宝多吃一些能消暑的食物，比如西瓜、苦瓜、黄瓜、绿豆等，能减少宝宝体内的积热。

2 夏季宝宝出汗较多，体内的水分流失较多，应多次、少量地补充水分，以温开水、绿豆汤、酸梅汤、矿泉水、西瓜汁等最为适宜，不要喝碳酸饮料和含糖饮料。

宜吃的"明星"食物

| 绿豆 | 西瓜 | 黄瓜 | 冬瓜 |

不宜吃的食物

| 肥肉 | 烤鸭 | 油炸食品 |

这些食物太过肥腻，不但易使宝宝上火，而且会影响宝宝的胃口，导致食欲下降。

绿豆汤

材料 绿豆 100 克。

调料 冰糖适量。

做法

1 绿豆洗净，浸泡 3 小时。

2 锅中放适量水烧开，倒入绿豆，大火煮至汤汁基本收干时，加入沸水，小火煮 20 分钟左右至绿豆开花。

3 加入冰糖，再煮 5 分钟，过滤取汤汁即可。

营养师点评

由于夏天属梅雨季节，暑湿比较重，而绿豆具有清热解毒、解湿祛热的功效，所以绿豆汤最适合宝宝在夏天饮用。

清热解毒
祛湿

清热解毒
增强食欲

西瓜莲藕汁

材料 西瓜 1/4 个，雪梨、苹果各 1 个，莲藕、马蹄各 120 克。

调料 白糖适量。

做法

1 西瓜、苹果、雪梨洗净，去皮、籽和瓤，切块。莲藕、马蹄去皮，洗净，切丝。

2 将备好的材料倒入榨汁机中榨汁，最后加入适量白糖和凉开水，搅匀即可。

营养师点评

西瓜能够清热解毒，生津止渴。莲藕性寒，有清热凉血作用。

冬瓜球肉丸

材料 冬瓜 50 克，肉末 20 克，香菇 1 个。

调料 盐、姜末、生抽、香油各少许。

做法

1 将冬瓜削皮，去内瓤，冬瓜肉剜成冬瓜球。

2 将香菇洗净，切成碎末，加肉末、盐、姜末拌匀成肉馅，揉成小肉丸。

3 将冬瓜球和肉丸子码到盘子中，上锅蒸熟，滴 1 滴生抽、1 滴香油调味即可。

营养师点评

冬瓜中富含膳食纤维，能帮助宝宝消化。香菇能健脾胃。肉末富含对宝宝生长发育特别有益的优质蛋白质。

健脾胃
助消化

调理贫血
增强抵抗力

樱桃黄瓜汁

材料 黄瓜 1 根，樱桃 8 颗。

调料 冰糖少量。

做法

1 樱桃洗净，去核。黄瓜洗净，去皮，切小段。

2 将备好的黄瓜、樱桃和冰糖放入榨汁机中，加少量水榨汁。

3 将榨好的汁倒入杯中即可饮用。

营养师点评

樱桃含有极其丰富的铁，居水果之首，有调理贫血的效果；维生素 C 及维生素 B 族含量也十分丰富，常食能增强宝宝抵抗力，保护宝宝视力。

蓝莓山药

材料 山药 150 克，蓝莓酱适量。

做法

1 山药洗净，去皮，切长条，放入沸水中煮熟，捞出晾凉。

2 将山药条摆在盘中，淋上蓝莓酱即可。

营养师点评

山药含蛋白质、黏液质等，蓝莓含维生素 C、花青素等。二者搭配可以提高食欲、保护眼睛。

健脾
养胃

秋季

秋日天气转凉，空气中水分减少，变得干燥，此时宝宝易受燥邪侵袭，从而易出现口干舌燥、干咳少痰、便秘等燥热病症。因此，妈妈们要合理搭配宝宝秋季的饮食，以滋阴润燥为主，增加具有收敛作用的食物，预防宝宝患上呼吸道疾病，减少"秋燥"症状的出现。

营养调理关键词：滋阴润肺

秋季易燥，与人的肺相对应。秋季阳气渐收，阴气生长，气温开始降低，气候变得十分干燥，容易导致宝宝出现呼吸道症状，还可导致皮肤干燥难耐，所以秋季宝宝的饮食应以润肺生津、养阴润燥为原则。

必需营养素：维生素 A、维生素 B_1、维生素 B_2、维生素 C

维生素 C 和维生素 B_1 能够防止宝宝出现"秋乏"，维生素 A 和维生素 B_2 能够维护宝宝口唇部位及皮肤的滋润。

秋日健康味道：辛味

辛味是秋季的健康味道。

饮食要点

1 应适量给宝宝吃些芝麻、豆浆、蜂蜜等滋润甘淡的食品，可防止秋燥带来肺及肠胃津液的不足，出现干咳、咽干、肠燥便秘及头发干枯等症状。

2 秋季宝宝的饮食应以清淡质软、易于消化为主，食物要避免过油、过甜、过辣、过咸；甜味饮料不能经常给宝宝喝，以免生热伤津，助火化燥。

宜吃的"明星"食物

| 百合 | 银耳 | 莲藕 | 梨 |

不宜吃的食物

| 葱 | 姜 | 蒜 | 韭菜 |

这些食物性燥热，容易导致宝宝出现"秋燥"症状。

莲藕胡萝卜汤

材料 鲜藕400克，胡萝卜半根，花生仁20粒，香菇3朵。

调料 高汤、盐、味精、植物油各适量。

做法

1 将鲜藕洗净切块，用刀拍松。胡萝卜洗净，切块。花生仁用温水泡开。香菇用温水发好，洗净，去柄，切块备用。

2 锅置火上，倒入植物油烧至六成热，放入香菇块煸香，加入胡萝卜块稍煸炒。

3 砂锅内倒入高汤，大火煮沸，放入藕块、花生仁、煸好的香菇块和胡萝卜块，小火煲1小时，调入盐、味精即可。

滋阴润肺

温中和胃预防贫血

银耳紫薯粥

材料 紫薯（中等大小）1个，银耳5朵，红枣4颗，高粱米50克。

做法

1 高粱米提前洗净，用水浸泡。银耳洗净，撕成朵。紫薯去皮，切块。

2 将高粱米倒入锅内，加水煮沸，20分钟后加入银耳、红枣和紫薯块，小火熬煮20分钟即可。

营养师点评

高粱米有温中和胃、消积凉血的功效；紫薯富含纤维素、蛋白质、铁、硒等营养物质，可预防贫血、促进胃肠蠕动，还有保护肝脏的作用。

雪梨百合莲子汤

雪梨 2 个，百合 10 克，莲子 50 克。

调料 枸杞子、冰糖各适量。

做法

1 将雪梨洗净，去皮除核，切块。将百合、莲子分别洗净，用水泡发，莲子去心。枸杞子洗净，待用。

2 锅置火上，放适量水烧沸，放入雪梨块、百合、莲子、枸杞子、冰糖，水开后再改小火煲约 1 小时即可。

营养师点评

本汤中，雪梨有解燥之效，百合有润肺清凉的作用，莲子可以养心安神、滋补元气，因此该汤对失眠、脾虚的宝宝有很好的补益效果！

解燥润肺
安神滋补

润肺
止咳

梨藕百合饮

材料 鲜百合 1 个，香梨 1 个，莲藕 50 克。

调料 冰糖、枸杞子各适量。

做法

1 百合洗净，拨片。莲藕洗净，去皮，切片。香梨洗净，去皮，切小块。

2 将百合和莲藕放入锅内，加水，盖好盖，大火煮 8 分钟。

3 加入适量冰糖，然后加入梨块，煮 8 分钟，撒入几粒枸杞子即可关火。

营养师点评

本汤可以起到润肺、除燥、利尿、止咳的效果，很适合宝宝在秋天饮用。

菠萝什锦饭

材料 菠萝 200 克，鸡蛋 1 个，豌豆、玉米粒各 20 克，金针菇、胡萝卜、洋葱各 30 克，米饭 80 克。

调料 盐适量。

做法

1 菠萝洗净，底部切掉，从 1/3 处切开，挖出菠萝肉，切小块。

2 鸡蛋打散备用。洋葱去老皮，切丁。胡萝卜洗净，去皮，切丁。豌豆、玉米粒分别洗净，焯熟。金针菇洗净，切掉根部，焯熟，切小段。

3 平底锅放油烧热，放入洋葱丁、胡萝卜丁、豌豆、玉米粒、金针菇段翻炒，再倒入米饭炒至略显金黄，倒入菠萝块和鸡蛋液，大火翻炒至鸡蛋凝固，加盐调味，盛到菠萝壳中即可。

营养师点评

本品含有钾、维生素 C、维生素 B 族和蛋白质等，能提振食欲，促进新陈代谢。

开胃
促食

冬季

冬季气候寒冷，阴盛阳衰。由于寒冷，人体的各项生理功能及食欲等均会发生变化。合理地调整饮食，在保证充分补充宝宝机体必需营养素的同时，还要提高宝宝的耐寒能力和免疫功能，这样宝宝才能健康、安全、顺利地度过严冬。

营养调理关键词：养肾防寒

冬季草木凋零，万物走向沉寂。中医学认为，寒为冬季主气，与肾水相应，寒邪伤肾，冬季养生最重要的是养肾防寒。而根据中医"虚则补之""寒者热之"的原则，宝宝的膳食应以温、热性食物为主，特别是温补肾阳的食物，可以提高宝宝的耐寒力。

必需营养素：铁、碘

补充必需营养素能够帮助宝宝在冬季抵抗严寒。

冬日健康味道：咸味

咸味是冬季的健康味道。

饮食要点

1 应给宝宝吃些热量较高的食物，如富含碳水化合物和脂肪的食物，还应增加含优质蛋白质的食物，增强宝宝的耐寒能力和抗病能力。

2 宝宝冬季宜吃温热松软的食物，忌食黏、硬、生冷、性凉的食物，否则易损伤脾胃，耗伤阳气，对宝宝的健康不利。

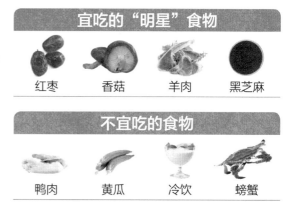

宜吃的"明星"食物

| 红枣 | 香菇 | 羊肉 | 黑芝麻 |

不宜吃的食物

| 鸭肉 | 黄瓜 | 冷饮 | 螃蟹 |

这些食物性偏凉，易引起宝宝腹痛、浑身发冷等不适。

胡萝卜炖羊肉

材料 羊肉 150 克，胡萝卜 50 克。

调料 盐、花椒、料酒、大料、葱段、姜片、酱油、植物油各适量。

做法

1 羊肉洗净，切成 2 厘米见方的块，用料酒浸泡 1 小时。胡萝卜洗净，切滚刀块。

2 锅内放植物油烧热，放入羊肉块炒至变色，加料酒、酱油、葱段、姜片、花椒、大料稍煮，加入适量水，烧开后移到小火上炖至肉熟。

3 放入胡萝卜块炖熟，放盐调味即可。

补中益气
促进消化

补血
增强免疫力

参枣莲子粥

材料 红枣 20 克，莲子 30 克，大米 50 克，党参 15 克。

做法

1 将党参切成片。红枣洗净，去核。莲子去心。大米淘洗干净。

2 将所有材料一起放入锅中，加适量清水煮沸。

3 转小火焖煮至粥熟烂即可。

营养师点评

红枣富含铁，有补血的效果；党参含多种糖类、酚类、皂苷及微量生物碱，可以增强免疫力、改善微循环、增强造血功能。本品应在医师指导下食用。

香菇炖乌鸡

材料 乌鸡肉适量，干香菇 3 朵，红枣 6 颗。

调料 姜片、料酒、盐各适量。

做法

1 乌鸡肉入沸水汆烫，去血水后洗净。香菇泡软，去蒂。红枣泡软。

2 将备好的材料及姜片放入炖盅内，淋上半匙料酒，加适量开水。外锅同样加水，盖盖蒸40 分钟。

3 蒸好后，加盐调味，拌匀即可出锅食用。

营养师点评

本品有补虚的功效，还可以预防宝宝感冒，提高免疫力，促进消化。

提高
免疫力

预防贫血
调节免疫力

三黑粥

材料 黑米 40 克，黑豆 10 克，黑芝麻、核桃仁各 15 克。

调料 红糖适量。

做法

1 黑豆洗净，清水浸泡 6 小时。黑芝麻、核桃仁炒熟，捣碎。黑米淘洗干净。

2 锅置火上，倒入适量清水烧开，下入黑米和黑豆，小火煮至米、豆熟烂。

3 加红糖煮至溶化，加黑芝麻碎和核桃仁碎搅拌均匀即可。

营养师点评

本粥含有较多的硒、铁、锌、钾、镁及多种维生素，有预防贫血、增强免疫力、保护心脏等功能。

红烧羊排

材料 羊排 250 克，胡萝卜、土豆各 80 克。

调料 葱末、姜末、蒜末、料酒、冰糖各 3 克，盐 1 克，大料 1 个，香叶 2 克。

做法

1 羊排洗净，剁段，凉水下锅，焯水捞出。胡萝卜、土豆洗净，去皮，切块。

2 锅内倒油烧热，放冰糖炒出糖色，放葱末、姜末、蒜末炒匀，下羊排翻炒，加大料、香叶、料酒和适量清水。

3 大火煮开，转小火烧至八成熟，再放入胡萝卜块、土豆块烧至熟烂，加盐调味即可。

营养师点评

适当吃些高蛋白、高碳水食物，如羊肉、牛肉、鱼肉、土豆、红薯等，可以增加热量、抵御寒冷。

补虚
强体

萝卜蒸糕

材料 大米粉 80 克，胡萝卜 40 克，白萝卜 150 克。

调料 盐少许。

做法

1. 白萝卜、胡萝卜洗净，切丝，加盐腌 5 分钟，挤干。大米粉加水调成米糊。
2. 锅内倒油烧热，倒入胡萝卜丝、白萝卜丝翻炒，倒入大米糊搅拌均匀。
3. 取蒸碗，倒入萝卜米糊，蒸 30 分钟，取出晾凉，切块即可。

营养师点评

白萝卜含维生素 C、膳食纤维，冬天食用可以清热、补虚、通便，做成糕点孩子更爱吃。

补虚
开胃

宝宝四季护理要点

生宝宝不容易，养好宝宝更不容易。为了养育好宝宝，家长们花费一切精力都在所不惜。很多家长都想问，宝宝四季护理的要点有哪些？

春季护理

春季是万物复苏的季节，当然也是病菌开始活跃的时候，宝宝在这个季节很容易患上一些传染病，出现一些过敏症，妈妈们要格外当心宝宝的饮食、穿衣及户外活动，避免宝宝出现不适。

饮食方面，可以适当增加防春困的食物，比如胡萝卜、南瓜、番茄等红黄色蔬菜，还有青椒、芹菜等深绿色蔬菜，缓解宝宝精神不振的状况。另外，某些水果容易导致宝宝过敏，妈妈在喂宝宝的时候需要谨慎，如芒果、菠萝等。

春季天气忽冷忽热，因此爸爸妈妈们不要急着给宝宝减衣服，要等温度稳定后再适当减衣。

春季应多带宝宝出去呼吸新鲜空气，享受温暖的阳光，吸收大自然的精华，同时多让宝宝运动——包括视觉、听觉、触觉的运动，但要避免去人群集中或灰尘较大的地方，避免在风沙较大时带宝宝外出，外出时可以给宝宝戴好口罩。

夏季护理

首先，宝宝夏季的饮食要以清热健脾为主，如绿豆、山药等。由于夏天宝宝活动量较大，出汗较多，要适当增加宝宝进食量，并补充水分和无机盐。另外，夏季宝宝容易患细菌性肠炎，要注意宝宝的饮食卫生。妈妈最好不要在夏季给宝宝断奶，因为高温会导致宝宝体内消化酶的活性降低，增加宝宝患消化道疾病的机会。

夏季宝宝的皮肤护理是很重要的一个方面。夏季易出现蚊虫叮咬、痱子、晒伤、湿疹等，因此妈妈要为宝宝准备好一些夏季的"装备"，减少宝宝皮肤的损伤。这些"装备"有蚊帐、痱子水、鞣酸软膏、风油精等，以对抗宝宝出现的皮肤问题。

还有一个问题即"小儿无夏天"，虽然夏天热，但宝宝也要防寒，晚上睡觉要适当穿衣盖被，不要让宝宝裸睡，尤其要盖好肚子。

秋季护理

秋季宝宝的饮食以选择富含优质蛋白质的食物为佳，豆制品、海产品等可以适量增加，其他类的食物也不能缺少，以促进宝宝健康成长。另外，秋季腹泻病较多，妈妈们应该注意宝宝的饮食卫生，防止宝宝出现腹泻。一旦宝宝腹泻，要及时看医生，防止宝宝出现脱水。必要时可在医生指导下口服补液盐。

秋天天气虽然转凉，但不要着急给宝宝加衣服，过早给宝宝穿很多的衣服，晚上盖很厚的被子，会使宝宝在冬季容易出现呼吸道感染。"春捂秋冻"也是适合宝宝的，但重在科学与合理。

每天应该花 2 小时以上的时间带宝宝外出活动，这有利于增强宝宝的耐寒能力，增强呼吸道抵抗力，使宝宝健康地度过即将到来的寒冬。

冬季护理

冬季是个适合进补的季节，尤其是一些体质虚弱的宝宝，但是食物的选择及进补的方法都要合理，以免适得其反。冬季宝宝宜吃一些滋阴潜阳、热量较高的具有温补作用的食物，如羊肉、土鸡、鱼等，新鲜的蔬果、五谷杂粮，以及豆类、蛋奶、木耳、蘑菇等也应多吃。另外，冬季还要注意给宝宝补钙。

对于生活在北方的宝宝，要做好防寒保暖工作。由于冬季室内外温差很大，宝宝的呼吸道很容易受刺激，因此在每天室外温度最高、阳光最足的时候，抱着宝宝出去溜达一圈，对宝宝的健康是有益的。室内温度以18～22℃为宜，湿度以40%～50%为好。

冬季还要给宝宝穿合适的衣服，"薄而多"好于"厚而少"——较薄的衣服多穿几件，衣服之间可以形成隔冷层，有保暖作用，比穿很厚的一件衣服要好。帽子、鞋袜、围巾、手套等也要穿戴好。

第六章

0～3岁宝宝
常见病调养食谱

感冒

宝宝感冒大多数（80% ～ 90%）是由病毒感染引起的。由于宝宝的免疫系统尚不成熟，抵抗病菌的能力较弱，所以容易遭到病菌入侵，出现感冒症状。另外，宝宝如果营养不良，缺乏有免疫功效的营养素，也容易患感冒。常见的有风寒感冒、风热感冒等类型。

必需营养素

维生素 A、维生素 C、维生素 E、锌、铁。

应对感冒这样吃

1. 患风寒感冒的宝宝，要多吃新鲜蔬菜和水果，这些食物富含维生素和矿物质，能够增强宝宝抵抗力。
2. 患风热感冒的宝宝，平时要多喝水，防止汗液蒸发带走体内过多的水分。吃一些清凉祛火的水果，能够防止宝宝上火，有利于清除内热。
3. 多给宝宝吃一些维生素 C 含量较高的食物，如猕猴桃、苹果、橘子等水果。
4. 感冒的宝宝不能吃太甜、油腻、辛热的食物。甜食助湿，油腻的食物不易消化，辛热食物易助火生痰。

感冒预防要点

1. 宝宝日常的营养摄入要全面，粗细搭配要合理，荤素搭配要适当。

2. 让宝宝多喝水，或者选择一些果蔬汁。
3. 对人工喂养或混合喂养的宝宝，最好选择母乳化的奶粉或婴儿配方乳。

喂养达人分享

宝宝感冒时不要多吃鸡蛋，因为鸡蛋所含的蛋白质在体内会产生一定的额外热量，加剧宝宝发热的症状，延长发热时间。

宜吃的"明星"食物

绿豆　　胡萝卜　　南瓜　　猕猴桃

忌吃食物

辣椒　　狗肉　　羊肉

这些食物性热，会使身体内的热量增加，感冒期间食用，会"火上浇油"，加重宝宝的发热症状。

白菜绿豆饮

材料 白菜帮 2 片，绿豆 30 克。

调料 白糖适量。

做法

1 绿豆洗净，放入锅中，加水，用中火煮至半熟。将白菜帮洗净，切成片。

2 将白菜帮片加入绿豆汤中，同煮至绿豆开花、菜帮烂熟，加入白糖调味即可。

营养师点评

本款饮品可以起到清热解毒的功效，适合外感风热的宝宝饮用，每日 2 ~ 3 次。

清热解毒

强化免疫
清热利水

猕猴桃黄瓜汁

材料 猕猴桃 2 个，黄瓜 1 根。

调料 蜂蜜适量。

做法

1 黄瓜洗净，切小段。猕猴桃去皮，切片。

2 将切好的黄瓜和猕猴桃放入榨汁机内，加入适量清水，榨成汁。

3 倒入杯中，加入适量蜂蜜即可。

营养师点评

猕猴桃能够改善肤质，强化免疫系统，促进铁的吸收，还可补充大脑消耗的营养；黄瓜性凉，有清热利水、生津止渴的作用。

南瓜粥

材料 南瓜 100 克，大米 50 克。

做法

1 南瓜洗净，去皮，切丁。大米洗净。
2 将南瓜丁和大米放入锅中，加适量清水熬煮。
3 煮至南瓜和大米熟透、粥黏稠即可。

营养师点评

南瓜粥能促进宝宝的食欲，很适合感冒伴有腹泻的宝宝食用呢！

促进
宝宝食欲

清热
止血

胡萝卜汁

材料 胡萝卜半个。

调料 冰糖适量。

做法

1 胡萝卜洗净，去皮，切成小块。
2 将切好的胡萝卜块放入榨汁机中搅打成汁。
3 胡萝卜汁过滤，加入适量冰糖搅拌均匀即可。

营养师点评

胡萝卜汁可以清热止血，对风热感冒的宝宝比较适合，但大便稀溏的宝宝不宜饮用。

贫血

骨髓是人体的造血器官。影响血液生成的两大因素主要是造血功能和造血原料出现了异常，后者主要是由饮食不当引起的。因此，要想避免宝宝出现贫血，调理好宝宝日常的饮食营养有很大的作用呢！

必需营养素

维生素 B_{12}、维生素 B_6、叶酸、维生素 C、果酸、铁。

应对贫血这样吃

1 饮食全面、均衡。
2 多食含优质蛋白质的食物，如瘦猪肉、蛋类、鱼类、鸡肉、豆制品等。
3 饮食易消化，合理烹调，适量食用，避免吃得过于油腻、辛辣。
4 适当多食一些水果、果汁及酸性食物，有利于促进铁的吸收。
5 每天吃一些富含铁的食物，如动物肝脏、动物血、蛋类等。多吃些富含维生素 C 的水果及新鲜蔬菜。

贫血预防要点

1 养成良好的饮食习惯，主食要粗细搭配。
2 纠正宝宝偏食、挑食的坏毛病。

3 烹调食物时，可选择用铁制炊具，对预防宝宝缺铁性贫血有益处。

喂养达人分享

纠正宝宝贫血时，不可过多地给宝宝饮用牛奶，因为牛奶含磷量较高，会影响铁在体内的吸收，加重贫血症状。

宜吃的"明星"食物

| 猪肝 | 瘦猪肉 | 鸭血 | 蛋黄 |

忌吃食物

| 茶 | 巧克力 | 咖啡 |

这些食物妨碍宝宝对铁的吸收，加重宝宝缺铁性贫血的症状。

木耳炒肉末

材料 干黑木耳 30 克，猪肉末 100 克。

调料 盐、白糖、植物油、葱末、姜末、酱油、花椒、孜然粉、料酒、水淀粉各适量。

做法

1 黑木耳用温水发透，去杂质，撕成小朵。

2 锅置火上，放入植物油烧至六成热，加入花椒炸香，放入黑木耳、猪肉末、葱末、姜末，炒至肉的颜色变白。

3 加入酱油、白糖、孜然粉、料酒翻炒，至猪肉末熟后，放入盐炒匀，再加水淀粉勾芡即可。

营养师点评

黑木耳被誉为"素中之荤"，每百克中含铁 185 毫克，比菠菜高出约 20 倍，比猪肝高出约 7 倍，是各种荤素食品中含铁量最高的，适合宝宝贫血时食用。

补血
护肤

鸭血豆腐汤

材料 豆腐、鸭血各 1 小块。

调料 小白菜、香油各适量。

做法

1 小白菜洗净，沸水焯过，切碎。鸭血、豆腐切块。

2 砂锅内放适量清水，将鸭血、豆腐放入一同煮沸。

3 待鸭血、豆腐快熟时，加入小白菜。

4 出锅前滴入适量的香油即可。

营养师点评

鸭血富含蛋白质和多种必需氨基酸，以及铁、锌等多种矿物质和维生素，其中铁的利用率达 12%，可作为宝宝补血的食材之一。同时，它还有清洁血液、解毒的功效，帮助宝宝排出体内的铅、铜等重金属元素。

补血
排毒

补血补铁
护眼

蛋皮如意肝卷

材料 鸡蛋皮 1 张，鲜猪肝泥 20 克。

调料 葱姜水、盐、水淀粉、香油、植物油各适量。

做法

1 炒锅中倒入植物油烧热，放入肝泥煸炒，加葱姜水、盐炒透入味，用水淀粉勾芡，加香油略炒盛出。

2 将炒好的肝泥倒在鸡蛋皮上面抹匀，从一边向中间卷，再用水淀粉粘合相接处，合口朝下码入屉盘，蒸 5 分钟，出锅切段即可。

营养师点评

猪肝富含叶酸、维生素 B_{12} 及铁等造血原料，宝宝常吃些猪肝还能明目护眼。

扁桃体炎

扁桃体炎有急性和慢性两种。前者大多在机体抵抗力降低时，由细菌或病毒感染所致，这是宝宝较容易得的炎症，因为宝宝免疫力较低；慢性扁桃体炎是由急性扁桃体炎反复发作所致。妈妈们在日常除了预防宝宝感染各种病菌以外，还要注意宝宝的饮食，以增强宝宝抵抗力。宝宝出现扁桃体炎后，要合理地安排宝宝的饮食，加快宝宝病情的缓解，以免病情加重。

必需营养素

维生素 A、维生素 B 族、维生素 C、胡萝卜素、蛋白质。

应对扁桃体炎这样吃

1 饮食宜清淡，可选择吃一些乳类、蛋类等高蛋白食物，以及香蕉、苹果等富含维生素 C 的食物。

2 辅食最好选择易吞咽、易消化的半流质饮食，米汤、米粥、豆浆、绿豆汤、果蔬泥、蛋汤等都是不错的选择。

3 应适当多给宝宝饮水。

4 宝宝吞咽困难时，可以让宝宝吃些流食，以减轻咽喉疼痛。

5 不要给宝宝吃油腻、黏滞和辛辣刺激的食物，如常见的辣椒、大蒜、油条、炸鸡等。

扁桃体炎预防要点

1 养成良好的卫生习惯。

2 给宝宝多喝水，保持宝宝口腔的卫生，常用温水给宝宝漱口。

3 注意让宝宝多休息，室内温度以不感觉冷为宜，注意保持空气流通。

喂养达人分享

宝宝出现扁桃体炎时，要保持宝宝口腔的卫生，用盐水给宝宝漱口，每天 4 次。

宜吃的"明星"食物

| 金银花 | 蜂蜜 | 百合 | 梨 |

忌吃食物

| 油条 | 薯条 | 炸鸡腿 |

这些食物刺激咽喉，易导致咽喉部的炎症，使咽喉发干、疼痛。

百合银耳粥

材料 百合、银耳各 10 克，大米 40 克。

做法

1 将百合、银耳放入适量水中浸泡，发好。大米淘洗干净，加水煮粥。

2 将发好的银耳撕成小块，和百合一起冲洗干净，放入粥中，煮熟即可。

营养师点评

银耳、百合能起到滋阴润肺的功效，两者搭配能预防宝宝因天气干燥而出现的扁桃体不适。

滋阴
润肺

清热消炎
解毒凉血

金银花粥

材料 金银花 3 克，大米 50 克。

调料 冰糖适量。

做法

将金银花洗净，加清水适量，浸泡5~10分钟，水煎取汁，加大米煮粥，待粥熟时调入冰糖，再煮沸即成，每天喝1~2次，连续3~5天。

营养师点评

金银花有清热消炎、解毒、凉血的作用，能改善扁桃体炎引起的咽痛、发热及其他咽部不适感。

鹅口疮

鹅口疮是由白色念珠菌感染引起的口腔黏膜炎症，婴幼儿较常见，新生儿尤其多见。除了来自妈妈产道的念珠菌感染可导致宝宝出现鹅口疮外，宝宝本身抵抗力差，以及盲目地给宝宝用药也是导致病症出现的原因。中医学认为，小儿口疮与脾胃积热、心火上炎、虚火上浮等有关。宝宝饮食应以清热解毒、通便泻火等为原则。

必需营养素

优质蛋白质、维生素 B 族、维生素 C。

应对鹅口疮这样吃

1 给宝宝选择易消化吸收、富含优质蛋白质的食物，多吃动物肝脏、瘦肉、鱼类。
2 适当增加维生素 B 族和维生素 C 的供给，如新鲜蔬菜和水果等。
3 选择半流质或流质食物给宝宝喂食，并鼓励宝宝多喝水。
4 不要给患病的宝宝吃酸、辣的食物，避免引起宝宝疼痛。

鹅口疮预防要点

1 养成良好的卫生习惯，宝宝的餐具要严格消毒。喂奶前，奶嘴、奶瓶要用开水烫洗干净。
2 妈妈们在每次喂奶前，要先用干净的毛巾擦洗乳房，然后再哺乳。

3 每次喂食时间应少于 20 分钟，同时不要给宝宝使用安抚奶嘴。

喂养达人分享

取老茄子根 10 克，陈皮 3 克，冰糖 6 克，将三者用水煎服，每日给宝宝服用 1~2 次，对治疗宝宝鹅口疮有很好的效果。

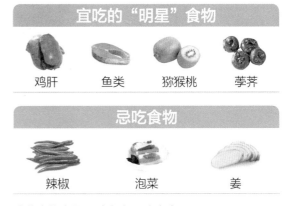

宜吃的"明星"食物

鸡肝　　鱼类　　猕猴桃　　荸荠

忌吃食物

辣椒　　泡菜　　姜

这些食物容易导致宝宝口腔疼痛。

吃饭香长得壮宝宝餐

荸荠汤

材料 荸荠 250 克。

调料 冰糖少许。

做法

1 荸荠去皮，洗净，拍碎。

2 锅置火上，放入拍碎的荸荠和适量清水，大火煮沸后转小火煮 20 分钟，加冰糖煮至溶化，去渣取汁饮用即可。

营养师点评

荸荠对引起鹅口疮的真菌有抑制作用，可促进宝宝口疮创面的修复。

抗菌修复

增强宝宝免疫力

猕猴桃枸杞粥

材料 猕猴桃 1 个，大米 100 克，枸杞子适量。

调料 冰糖适量。

做法

1 大米洗净，稍稍浸泡。猕猴桃去皮，切块。枸杞子洗净，泡好。

2 锅中加水，加入大米，煮至米涨开变浓稠时，放入枸杞子，然后加入猕猴桃块，煮 2 分钟左右，加适量冰糖调味即可。

营养师点评

猕猴桃能够增强宝宝的免疫力，还有解热利尿、健脾胃的功效。

便秘

引起便秘的原因很多，比如饮食不当会直接导致便秘。如果宝宝挑食，瘦猪肉、鸡蛋、牛奶等蛋白质含量高的食物吃得过多，水果、蔬菜、菌类、粗粮吃得少，常常会导致无力性便秘。要想避免宝宝便秘，平时要多给宝宝吃一些富含膳食纤维的食物，促进肠胃蠕动，保证排便顺畅！

必需营养素

维生素 B 族、膳食纤维、碳水化合物、油脂、铁。

应对便秘这样吃

1 对于可以添加辅食的宝宝，要及时添加菜汁、果汁、果泥和菜泥等。富含纤维素的水果与蔬菜是治疗便秘的良方。苹果、梨、核桃、海带、地瓜、卷心菜、黄豆、豆腐等的纤维素含量都较丰富。
2 少给宝宝吃高脂肪、高胆固醇的食物，这些食物易残留在肠道中，不易排出，从而引起便秘。

便秘预防要点

1 清晨起床后，养成给宝宝喝温开水的习惯，能帮助促进宝宝肠蠕动。
2 妈妈在进行配方奶粉的调配时，要按照说明书来，不能随意提高浓度。

3 按时让宝宝大便，帮助宝宝养成按时排便的习惯。

喂养达人分享

母乳不足也会导致宝宝便秘。母乳不足时，婴儿处于半饥饿状态，大便减少，体重增长速度放慢，吃奶后缺少满足感，此时妈妈应及时添加配方奶粉，以补充母乳的不足。

宜吃的"明星"食物

| 红薯 | 黑芝麻 | 魔芋 | 苹果 |

忌吃食物

| 柿子 | 石榴 | 莲子 |

这些食物收敛固涩，宝宝食用后会导致肠蠕动减弱，大便难以排出。

吃饭香长得壮宝宝餐

蜜奶芝麻羹

材料 蜂蜜 15 克，牛奶 100 毫升，芝麻 10 克。

做法

1 芝麻洗净，晾干，用小火烤熟，研成细末。
2 牛奶煮沸，放入芝麻末调匀，关火。
3 凉至温热时，冲入蜂蜜即可。

营养师点评

此羹中，蜂蜜、芝麻、牛奶都有润燥的作用，适合在早上给宝宝空腹喂食。但 1 岁以下的宝宝不能食用蜂蜜。

润燥

魔芋香果

材料 魔芋、苹果、菠萝、橘子各适量。

调料 淀粉、糖各少许。

做法

1 魔芋洗净，切块。苹果洗净，菠萝取果肉，两者切丁。橘子剥皮，掰开橘瓣。
2 将魔芋放入锅中，加适量水煮沸后继续煮 20 分钟。
3 将其他的材料一同加入锅中，煮15分钟左右。
4 加少许水淀粉，边加边搅拌，出锅前加少量糖即可。

增强免疫力促进排便

苹果桂花粥

材料 苹果1个，大米50克，干桂花适量。

调料 白糖适量。

做法

1 苹果洗净，去皮，切块。大米淘净，用温水浸泡。干桂花洗净，泡开。

2 锅置火上，加水烧开，放入大米煮至米烂。

3 加入苹果块、干桂花煮熟，加白糖调味即可。

营养师点评

苹果中含有丰富的纤维素、果胶、维生素、矿物质等，有促进排泄的效果。

促进排泄

增强宝宝
免疫力

芋头红薯粥

材料 芋头、红薯各30克，大米50克。

做法

1 芋头、红薯去皮，洗净，切丁。大米淘洗干净。

2 锅内加适量清水置火上，放入芋头丁、红薯丁和大米，中火煮沸。

3 煮沸后，用小火熬至粥稠即可。

营养师点评

芋头中含有多种微量元素，能增强人体的免疫功能，具有益脾胃、调中气的功效；红薯能促进消化液分泌及胃肠蠕动，有促进排便的作用。

腹泻

腹泻是一种由多因素引起的以大便次数增多和大便性状改变为特点的儿科常见病，多发于 6 个月～ 2 岁的婴幼儿，且一年四季都可能发生，以夏秋季节为多，分为感染性和非感染性两种类型。宝宝正处于生长发育的关键时期，一旦出现腹泻，将会直接影响宝宝对营养物质的吸收！

必需营养素

维生素 B 族、维生素 C、维生素 E、不饱和脂肪酸、钾、镁。

应对腹泻这样吃

1 适当多喝水，补充身体丢失的水分。
2 多吃温性食物，忌食寒凉食物，以免导致病情加重。
3 少吃含膳食纤维较多的水果和蔬菜，以免加重腹泻症状。
4 维生素 B 族、维生素 C 含量丰富的水果和蔬菜，能补充维生素和止泻，可适量食用，如茄子、柑橘、猕猴桃等。
5 少食多餐，饮食以由少到多、由稀到稠为原则。
6 忌食肥腻的食物和坚果之类较硬的食物。

腹泻预防要点

1 督促宝宝养成良好的卫生习惯。
2 提倡母乳喂养，尽量避免夏季断奶。

3 要合理喂养，添加辅食要一步一步进行，切不可过快过多。

喂养达人分享

宝宝腹泻时要避免长时间使用广谱抗生素，广谱抗生素的长期使用会导致宝宝肠道菌群失调，使腹泻加重或者久治不愈。

宜吃的"明星"食物

| 葡萄 | 石榴 | 苹果 | 生姜 |

忌吃食物

| 豆浆 | 牛奶 | 鸡蛋 |

这些食物会导致肠胀气，加重腹泻。

吃饭香长得壮宝宝餐

炒米煮粥

材料 生大米或生糯米 50 克。

做法

把大米或糯米放到铁锅里用小火炒至米粒稍焦黄，然后用这种焦黄的米煮粥。

营养师点评

此粥有止泻的作用，还可促进消化，小婴儿喝米汤就可以了。

止泻
促进消化

止泻
排毒

红糖苹果泥

材料 新鲜苹果半个。

调料 红糖适量。

做法

1 苹果清水洗净，削皮，切片。

2 将苹果片放在碗内，隔水蒸烂。

3 取出碗，加入红糖，与苹果一起搅拌成泥即可。

营养师点评

苹果含有鞣酸，有收敛作用；含有果酸，可以吸附毒素。本品适用于宝宝腹泻的辅助治疗。

银耳榴露

材料 石榴、银耳各适量。

调料 冰糖适量。

做法

1 银耳提前泡发，去蒂后撕成小块，洗净。石榴剥好，去籽。

2 锅中加少量水，放入银耳和适量冰糖，炖软烂。

3 石榴用料理机打成汁。

4 加入炖好的银耳，一起打成汁即可。

营养师点评

石榴汁含有多种氨基酸、维生素、微量元素及蛋白质等，有助消化、抗胃溃疡、健胃提神、增强食欲、补血活血等功效。

助消化
健脾胃

恢复
精力

圆白菜葡萄汁

材料 葡萄 100 克，圆白菜 200 克。

调料 柠檬汁和蜂蜜各适量。

做法

1 葡萄洗净，去皮。圆白菜切小片。

2 将葡萄和圆白菜片放入榨汁机中榨汁。

3 调入适量调料即可。

营养师点评

本饮品可以消除疲劳、恢复体力。其中，葡萄能够调理贫血、改善宝宝睡眠及助消化等，圆白菜含有丰富的维生素 C、微量元素锰，二者合用有助于宝宝精力恢复，促进宝宝新陈代谢和生长发育。

湿疹

湿疹是一种过敏性炎症性皮肤病，主要由对食入物、吸入物或接触物不耐受或过敏所致。2~3个月的婴儿就可发生湿疹（俗称奶癣），2~3岁也是湿疹发作的高峰期。合理安排小儿的饮食，配合必要的药物治疗，可以很好地控制湿疹，若一时控制不好，家长也不要着急，随着宝宝断奶时间的延长，湿疹大多会逐渐消失。

必需营养素

维生素B₆、维生素C、维生素E、钙、镁、锌。

应对湿疹这样吃

1 宝宝的饮食宜清淡。
2 多让宝宝喝水，可以选择饮用一些富有营养的汤羹、汁饮。
3 宜选择一些清热解毒的食物给宝宝吃，如绿豆、百合、冬瓜、丝瓜、鲜藕、红白萝卜等。
4 多给宝宝吃一些富含维生素、矿物质的食物，如新鲜蔬菜和水果等。
5 宝宝的辅食要避免使用容易导致过敏的食物，如羊奶、海鲜等。

湿疹预防要点

1 宝宝的衣着要宽松，不要让宝宝的皮肤直接接触化纤及毛织品。
2 保证宝宝的生活规律，饮食、活动要合理。
3 对过敏体质的宝宝，妈妈在日常应避免让宝宝接触刺激因素，同时增强宝宝的抵抗力，如多让宝宝运动等，改善宝宝的过敏体质。

喂养达人分享

给宝宝添加辅食时，每次只添加一种，观察3~5天，若宝宝完全能接受，再添加另一种新食物，且都要从少量开始逐渐增加，以减少食物过敏的发生，同时也方便辨别引起过敏的食物。

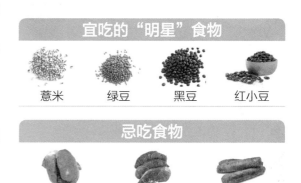

宜吃的"明星"食物

| 薏米 | 绿豆 | 黑豆 | 红小豆 |

忌吃食物

| 鸡肝 | 牛肉 | 香肠 |

这些食物含有的组胺易导致湿疹的发生。

吃饭香长得壮宝宝餐

绿豆海带汤

材料 海带 100 克，绿豆 30 克，薏米 15 克。

调料 鱼腥草、冰糖各适量。

做法

1 绿豆洗净，用温水泡 2 小时。薏米用温水泡 2 小时。海带切丝。鱼腥草择洗干净，用布包好。

2 锅内放水，放入薏米和绿豆，同时加入海带丝和鱼腥草包，大火煮，待绿豆开花后，取出鱼腥草。食用前调入适量冰糖即可。

营养师点评

此汤可以祛痰散结，还能清热解毒、除湿止痒，适合患有湿疹的宝宝食用。

清热除湿
止痒

补血
利尿除湿

花生红豆汤

材料 红豆 30 克，花生米 50 克，糖桂花 5 克。

做法

1 红豆与花生米洗净，用清水浸泡 2 小时。

2 将泡好的红豆、花生米连同清水一并放入锅中，开大火煮沸。

3 转小火煮 1 小时，放入糖桂花搅匀即可。

营养师点评

红豆能利尿除湿，花生有补血的效果，此汤能补血、利尿除湿。

流行性腮腺炎

流行性腮腺炎一般表现为从耳根部到下颚部位的肿胀。开始多为单侧肿大，有的宝宝会在几天后两侧都肿大，两侧面颊和下颚均鼓起来，体温高峰可达38～39℃，伴随肿胀或局部疼痛，通常持续1周左右，也有的持续10天左右。

必需营养素

维生素 A、维生素 C、锌。

应对流行性腮腺炎这样吃

1 患腮腺炎的宝宝饮食以清淡和易吞咽为主，若不能咀嚼，可选择喝牛奶、豆浆、米汤、粥等。

2 一些有清热解毒功能的食物，如绿豆汤、藕粉、白菜汤、萝卜汤等，妈妈们可多给宝宝吃。

3 妈妈们要为宝宝准备新鲜的蔬果汁，以增强宝宝的抵抗力。

4 忌食酸性食物和饮料，否则会刺激腮腺的分泌，加重疼痛。

流行性腮腺炎预防要点

1 让宝宝养成良好的个人卫生习惯。

2 让宝宝多多走动，多晒太阳，增强体质，提高宝宝的抵抗力。

3 平时注意保持宝宝口腔清洁，每天用淡盐水漱口。

喂养达人分享

取鲜而多汁的仙人掌一块，去皮刺，捣成泥，与鸡蛋清调匀后敷在宝宝的患处。每天1次，连用2～3天可治愈。

宜吃的"明星"食物

| 金银花 | 白萝卜 | 绿豆 | 冬瓜 |

忌吃的食物

| 辣椒 | 姜 | 韭菜 | 虾 |

这些食物或刺激性强，或属于发物，不利于宝宝腮腺炎的消退，甚至会使病情加重。

金银花甘蔗茶

材料 金银花 10 克，甘蔗汁 100 毫升。

做法

1 金银花洗净，放入锅中，加 100 毫升水煎煮。

2 将甘蔗汁与金银花汁混匀即可。

营养师点评

金银花和甘蔗均可以清热解毒、宣散风热，有助于宝宝腮腺炎病情的缓解。

宣风
散热

抵抗炎症

鲜白萝卜汤

材料 白萝卜 200 克。

调料 盐 2 克，姜片 5 克。

做法

1 白萝卜洗净，切小片，同姜片一起放入锅中。

2 锅中加适量水，大火烧开，白萝卜熟后加适量盐调味即可。

营养师点评

白萝卜性凉，能清热解毒，帮助宝宝抵抗炎症。

水痘

出水痘前一天，宝宝通常会发热。水痘是由感染水痘－带状疱疹病毒引起的，先见于躯干及头部，随后逐渐蔓延至面部与四肢，以胸、背、腹部为多，皮疹由最开始的小红点转变成高出皮面的丘疹，最后变成绿豆大小的水疱，壁薄且易破，周围有红晕，疱液由清水样慢慢变浑浊，水疱破后结痂。水痘会破坏宝宝体内很多营养成分。

必需营养素

维生素 B_{12}、维生素 C、维生素 E。

应对水痘这样吃

1 妈妈要鼓励宝宝多喝水。
2 宝宝的饮食要易消化和营养丰富，半流食或软食较好。
3 适当在宝宝的食物中增加麦芽和豆制品。
4 增加宝宝水果汁的摄入量，以柑橘类为佳。
5 不要让宝宝吃辛辣、刺激性强的食物，过甜、过咸的食物也不宜吃。

水痘预防要点

1 帮宝宝养成良好的卫生习惯，勤给宝宝洗手。
2 不要带宝宝去人多的地方。
3 日常饮食中增加富含维生素 C 的食物，增强宝宝免疫力。
4 平时让宝宝多锻炼身体，提高抗病能力。
5 接种疫苗是最有效的预防措施。

喂养达人分享

宝宝长水痘后，要穿宽松舒适的衣服，父母要每三四个小时用凉开水帮宝宝擦身体，减轻宝宝的瘙痒。洗澡前，在浴缸水中加一些苏打，也能帮助宝宝止痒。

宜吃的"明星"食物

| 胡萝卜 | 莲藕 | 荸荠 | 绿豆 |

忌吃的食物

| 羊肉 | 韭菜 | 荔枝 | 大枣 |

这些食物性热，不利于水痘的消退，反而可能使水痘增多、变大，延长病程。

吃饭香长得壮宝宝餐

薄荷豆饮

材料 绿豆、赤小豆、黑豆各 10 克，薄荷 5 克。

调料 冰糖适量。

做法

1 将三种豆洗净，温水浸泡 1 小时。

2 锅内加入清水，放入豆子和薄荷，一同煮沸后用小火炖熟。

3 在饮用前加少量冰糖。

营养师点评

本汤饮具有清热、解毒、利湿的功效，对宝宝的水痘有较好的治疗效果。

清热利湿解毒

薏米橘羹

材料 橘子 300 克，薏米 100 克。

调料 白糖、糖桂花、水淀粉各适量。

做法

1 将薏米淘洗干净，用冷水浸泡 2 小时。将橘子剥壳，掰成瓣，切成丁。

2 锅置火上，加入适量清水，放入薏米，用大火煮沸后，改小火慢煮。

3 到薏米烂熟时加白糖、糖桂花、橘子丁烧沸，用水淀粉勾稀芡即可。

营养师点评

薏米能促进新陈代谢，橘子能增强免疫力。

促进宝宝新陈代谢

应对宝宝常见病的护理经

宝宝由于身体各方面还未发育成熟，很容易生病，常见的有呼吸道疾病、消化道疾病及皮肤病等，这对爸爸妈妈们来说，都是不小的考验。除了平时的预防以外，宝宝一旦生病，妈妈们要做好宝宝的护理工作，使宝宝尽快恢复健康。

宝宝咳嗽了怎么办

鼓励宝宝多喝水

多喝水对于宝宝黏稠的痰液有很好的稀释作用，这样宝宝更容易将痰液咳出。另外，多喝水还有助于宝宝体内毒素的排出，增强宝宝的抗病能力，促进宝宝早日恢复健康。

按时让宝宝服药

止咳药水最好让宝宝在睡前喝，它不仅对宝宝呼吸道有"安抚"功能，还有利于宝宝的睡眠。要注意，宝宝的药物要遵照医嘱，定时定量服用。

保持室内空气流通

室内多通风，可以减少病菌的滋生，促进宝宝病情的缓解。在秋冬季节，要保证室内有合适的湿度，如在室内用加湿器或者放几小盆水等，这样可以减轻宝宝的咳嗽症状，减轻宝宝的不适。

扁桃体炎的护理

多给宝宝喝水

水可以帮助宝宝排出细菌感染所产生的毒素，加快宝宝的恢复。

饮食要注意

宝宝患上扁桃体炎后，进食很困难，妈妈要选择一些软的食物，如汤、粥等，或者选择合适的蔬果汁喂给宝宝，避免宝宝不想进食而导致营养物质摄入不足。

保持口腔卫生

扁桃体发炎时，妈妈可以用淡盐水给宝宝漱口，一方面可以帮助缓解咽喉部位的疼痛，另一方面也可以起到消炎杀菌的作用，一举两得。

如何应对宝宝腹泻

早补水，防脱水

宝宝腹泻时，大量的水分会排出体外，如果补水不足容易导致宝宝出现脱水的症状，因此宝宝腹泻要多喝水。另外，腹泻会导致钾、钠的流失，可以在医生指导下喂宝宝喝补液盐。

饮食的护理

多给宝宝吃一些富含维生素、低纤维、易消化的食物，以防宝宝营养不良。另外，要让宝宝少食多餐，以每天 6 餐左右为宜。

注意消毒

妈妈在给宝宝的衣服消毒、给便后宝宝清洗屁股以后，不要忘记也将自己的手消消毒。

宝宝便秘的处理

均衡饮食

宝宝吃的食物粗细搭配要合理，避免只吃细粮，还应吃一些富含维生素的食物，如果泥、菜泥等，并保证宝宝足量饮水，这样可促进宝宝胃肠蠕动，帮助宝宝排便。对于稍大一点的宝宝，妈妈们要避免他们偏食，五谷杂粮及蔬果都要吃。

腹部按摩

平时妈妈要适当地给宝宝揉一揉小肚子，以顺时针按摩为佳，每天 3 次，坚持一段时间，这对宝宝的顺利排便有很大帮助。

严重了怎么办

宝宝便秘严重，可在医生指导下使用一些助排便的药物，如开塞露等。

宝宝体质营养法则

中医学讲求"虚则补之""盛则泻之""寒者热之""热者寒之",食物也分温、凉、寒、热。如果妈妈了解宝宝的体质,那么就可以通过饮食来调理宝宝的身体,这对妈妈和宝宝而言都是福音,除了预防宝宝生病之外,还有调养和防治的作用呢!

阳虚体质

阳虚体质的宝宝喜暖怕冷,手脚较凉,面色发白;小便多、清长,大便稀,有时发绿;舌苔淡薄。相较于同龄的宝宝,阳虚体质的宝宝发育较迟缓,活力不足。

宜吃的食物

籼米、狗肉、羊肉、鸡肉、韭菜、菠菜等。这些食物性质温热,营养丰富,热量较高,有补益肾阳、温脾暖胃、温阳散寒的效果。

忌吃的食物

豆腐、花生、苦瓜、黑木耳、茄子、柿子、西瓜等。这些食物易伤宝宝的阳气。

糯米、粳米、荞麦、松子等。这类食物滋腻味厚、难以消化。

冷饮、冷藏的瓜果等。这类食物性寒,可加重宝宝的阳虚表现。

阴虚体质

口渴、口干、咽喉痛,喜冷饮;手脚心温热,面颊潮红,睡觉爱出汗,大便干燥;形体消瘦,易怒,相较于同龄的宝宝发育较迟缓。这些是阴虚宝宝的特点。

宜吃的食物

糯米、绿豆、大白菜、黄瓜、百合、豆腐、黑木耳等。此类食物甘凉滋润、生津养阴。

鸭肉、鸡蛋、牛奶、桑葚等。这些食物含丰富优质蛋白质,有滋补的作用。

忌吃的食物

狗肉、羊肉、瓜子、爆米花、荔枝、韭菜、红糖、生姜等。这些食物或温香燥热,或性热,或脂肪含量、热量过高,不利于宝宝滋补。

血虚体质

血虚体质的宝宝表现为面色萎黄，口唇泛白，指甲发白；不能安稳地睡觉，生长发育较迟缓。

宜吃的食物

牛肉、羊肉、鸡蛋、红枣、菠菜、荔枝、鹌鹑、木耳、香菇、海带、紫菜等可以帮助宝宝补血。

忌吃的食物

西瓜、荸荠、海藻、菊花、生萝卜等。这类较寒凉的食物，不利于铁的吸收，易导致宝宝缺铁性贫血。

湿重体质

面色发黄，舌苔发白、发腻、较厚；食欲不振，大便较干燥。

宜吃的食物

薏米、红豆、百合、莲子、红枣、扁豆、冬瓜、海带、瘦肉等健脾胃的食物。

忌吃的食物

冷饮、油炸食品、糯米、土豆、红薯等。因为湿邪对宝宝脾的损伤较大，而此类食物不容易消化，可能导致宝宝的胃口不佳。

气虚体质

宝宝的特点有乏力，活力不足，活动后气促、出汗，尿床；语声低，身材较矮小；易感冒、流鼻涕、咳嗽；消化不好，食欲差，饭后易出现腹胀或嗳气。

宜吃的食物

小米、糯米、菜花、香菇、豆腐、牛肉、鸡肉、黄鱼等。这些食物合理搭配，具有很好的健脾益气作用。

忌吃的食物

西瓜、柚子、橘子、柿子、黄瓜、空心菜等。寒凉的食物容易加重宝宝气虚。

火旺体质

火旺体质的宝宝易出现口臭，口渴，舌尖发红，口舌易生疮；脾气急躁，易哭闹；小便颜色深，大便秘结，睡眠不佳。

宜吃的食物

绿豆、西瓜、银耳、冬瓜、百合等。这些食物具有清凉消火的功效。

忌吃的食物

龙眼、樱桃、荔枝等性热湿腻的食物；花生、巧克力、甜食等容易引起上火的食物；韭菜、羊肉、狗肉、高粱米等助阳兴热的食物；生冷、寒凉的瓜果等。

中国0～3岁男女宝宝身高（长）、体重百分位曲线图

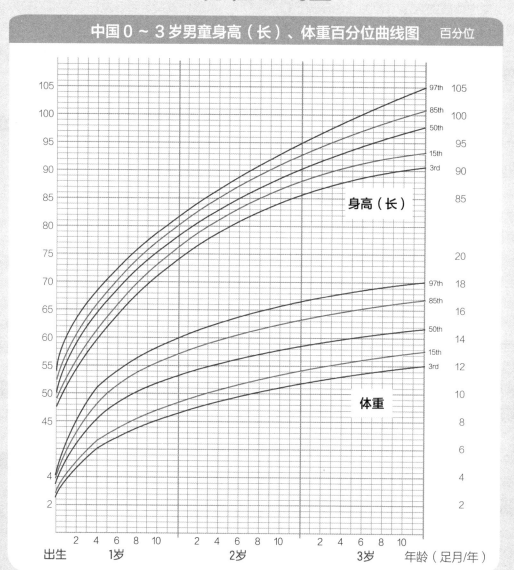

中国0～3岁男童身高（长）、体重百分位曲线图　百分位

注：该生长曲线图参考《中华儿科杂志》，由首都儿科研究所生长发育研究室制作。

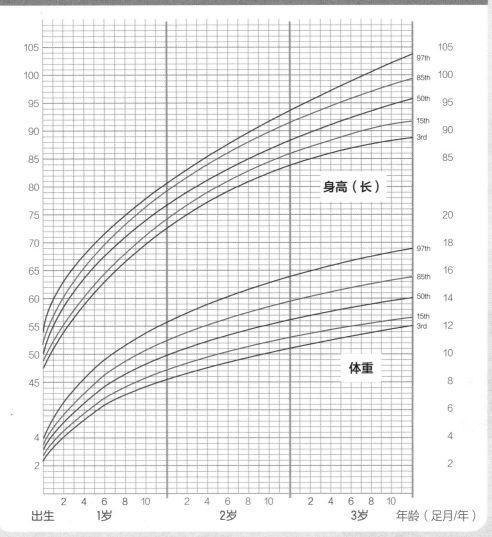

中国0～3岁女童身高（长）、体重百分位曲线图　百分位

注：这是0～3岁男女宝宝的身高（长）、体重发育曲线图。以男宝宝为例，该曲线图中对生长发育的评价采用的是百分位法。百分位法是将100个人的身高（长）、体重按从小到大的顺序排列，图中3rd，15th，50th，85th，97th分别表示的是第3百分位，第15百分位，第50百分位（中位数），第85百分位，第97百分位。排位在85th～97th的为上等，50th～85th的为中上等，15th～50th的为中等，3th～15th的为中下等，3rd以下为下等。

小小穴位按一按，助长个儿、保健康

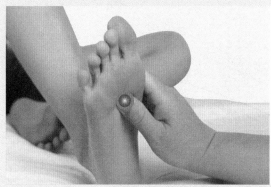

按揉涌泉

取穴 在足心，第 2、3 趾的趾缝纹头端与足跟连线的前 1/3 和后 2/3 之交点处，屈趾时足心凹陷处。

操作 用拇指按揉涌泉 100 次。

功效 补肾壮骨，缓解疲劳。

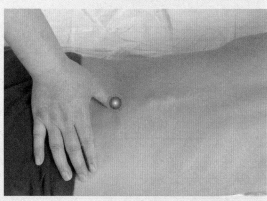

按揉命门

取穴 在腰部，后正中线上，第 2 腰椎棘突下凹陷中。

操作 孩子取俯卧位，家长用拇指指腹按揉命门 30 次。

功效 培补肾气。肾主骨，肾气旺盛才能有效促进骨骼生长。

运内八卦

取穴 在手掌面，以掌心为圆心，以掌心到中指指根横纹的 2/3 为半径所做的圆。

操作 用运法，沿入虎口方向运，称逆运内八卦；沿出虎口方向运，称顺运内八卦。各运 50 次。

功效 消食退热，强健脾胃。

捏脊

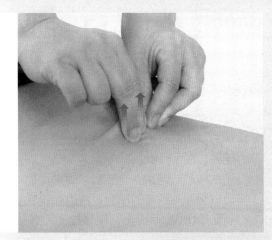

取穴 后背正中，整个脊柱，从大椎或后发际至尾椎的一条直线。

操作 用拇指与食、中二指自下而上提捏孩子脊旁 1.5 寸处，叫捏脊。捏脊通常捏 3~5 遍，每捏 3 下将背脊肌肤提 1 下，称为"捏三提一法"。

功效 通过捏拿背脊肌肤，可以刺激背部穴位，从而有效调节脏腑功能，改善肌肉和骨骼系统的营养状态，助力孩子生长发育。

推掐四横纹

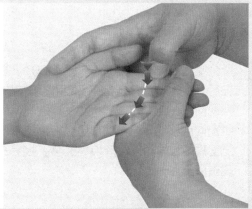

取穴 掌面食、中、无名、小指近指间关节横纹处。

操作 拇指先掐后揉，掐一揉三，称掐揉四横纹；将孩子四指并拢，自食指关节横纹推向小指关节横纹，称推四横纹。掐揉 3~5 次或推 100~300 次。

功效 消食化滞。改善孩子脾胃不和，食欲不佳的情况。

揉板门

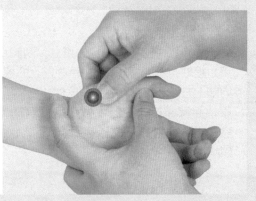

取穴 手掌大鱼际中间最高点。

操作 用拇指端揉板门，叫揉板门，也叫运板门。每次揉 100 下。

功效 改善孩子厌食、乏力等不适，帮助增强体质。

做做这些小运动，助力宝宝长个儿

跳绳

1 身体自然直立，两脚踝稍错开，面朝前，目视前方。上臂贴近身体，肘稍外屈，手腕发力摇绳，在体侧做划圆动作。
2 绳子的转动应匀速、有节奏，脚尖点地（这样可以缓和对膝盖的冲力，减少膝踝软组织的震动损伤），动作尽可能轻盈。

腿部拉伸

1 取分腿跪姿，左腿在前，屈膝呈 90°，右腿在后，膝盖触地，背部挺直，双手置于左膝上，目视前方。
2 髋部向前移动，直至髋部屈肌有牵拉感但不觉疼痛，拉伸动作保持10~30秒，换另一条腿重复上述动作。

纵跳摸高

1 确定一个摸高的位置，身体直立，两脚快速用力蹬地，同时两臂稍屈由后往前上方摆动，向前上方跳起腾空，并充分展体。
2 原地屈膝跳起，在空中做直腿挺身动作，髋关节完全打开，做出背弓动作，落地时屈膝缓冲。

爬墙摸高

1 面对墙壁而立，墙上预先画一条标记线，此线为自己能摸到的最高点，然后用双手手指沿墙摸高，脚后跟抬起，手臂尽量向上伸，设法触及或超过标记线。
2 脚后跟与手一起慢慢放下，恢复直立。摸高向上时吸气，腹肌用力；放下时呼气，腹肌放松。

开合跳

1 站立跳跃，双脚分开约1.5个肩宽，双手举过头顶击掌，注意手肘尽量伸直在头部两侧夹紧，同时使身体往上拉伸。
2 再跳一次后双脚并拢，双手拍大腿两侧，注意身体仍要往头顶方向拉伸，尽量不要驼背，重复上述动作。

平躺拉伸

1 平躺在床上，手和脚尽量向最远的地方拉伸。
2 每次拉伸15秒，反复拉伸3~5分钟。